安徽省高等学校"十三五"省级规划教材配套实验指导

 高等学校规划教材·计算机系列

计算机应用基础上机实验

（第2版）

主　编　万家华　程家兴

副主编　徐　梅　贺爱香　王美荣

U0241196

北京师范大学出版集团
BEIJING NORMAL UNIVERSITY PUBLISHING GROUP
安徽大学出版社

内容简介

本书是《计算机应用基础(第2版)》的配套实验教材,根据大学计算机基础课程的教学基本要求编写,全书共10章,包括26个实验,主要讲解计算机基础知识、Windows 7操作系统、文字处理、制作电子表格、制作演示文稿、网络与Internet、多媒体技术、数据(信息)安全等内容,并配有思考与练习题,可以较好地帮助学生掌握基本的计算机应用操作。本书既可以作为独立的实验课程教材,也可以作为大学本、专科计算机基础课程的配套教材,还可以作为全国计算机等级考试的复习用书及培训教材。

图书在版编目(CIP)数据

计算机应用基础上机实验/万家华,程家兴主编. —2版. —合肥:安徽大学出版社,2019.7

高等学校规划教材·计算机系列

ISBN 978-7-5664-1881-4

Ⅰ. ①计… Ⅱ. ①万… ②程… Ⅲ. ①电子计算机—高等学校—教材 Ⅳ. ①TP3

中国版本图书馆 CIP 数据核字(2019)第 118521 号

计算机应用基础上机实验(第2版)

JISUANJI YINGYONG JICHU SHANGJI SHIYAN

万家华 程家兴 主编

出版发行:北京师范大学出版集团
安徽大学出版社
(安徽省合肥市肥西路3号 邮编230039)
www.bnupg.com.cn
www.ahupress.com.cn

印　　刷:合肥现代印务有限公司
经　　销:全国新华书店
开　　本:184mm×260mm
印　　张:8.75
字　　数:162 千字
版　　次:2019 年 7 月第 2 版
印　　次:2019 年 7 月第 1 次印刷
定　　价:25.00 元

ISBN 978-7-5664-1881-4

策划编辑:刘中飞　宋　夏　　　　　装帧设计:李　军
责任编辑:张明举　宋　夏　　　　　美术编辑:李　军
责任印制:赵明炎

前言
Foreword

2018年9月,习近平总书记在全国教育大会上强调:"要提升教育服务经济社会发展能力,着重培养创新型、复合型、应用型人才。"其中应用型人才是社会经济发展的主力军。为了满足应用型人才培养目标的需要,根据教育部大学计算机基础课程教学指导委员会提出的《大学计算机基础课程教学基本要求》,结合计算机技术发展的实际情况,我们编写了《计算机应用基础(第2版)》。本书是与其配套的实验指导教材,目标是帮助学生加深对计算机基本原理及方法的理解,使之具备基本的计算机应用能力,并进一步增强信息意识,提高信息素养。

全书共10章。第1章,计算机与互联网概述。希望学生通过直观观察和实验中的各种基本操作认识到具有计算机基本操作能力的重要性,为后续学习打下基础。第2章,计算机硬件。希望通过实验与文献查阅相结合的方法,让学生了解微型计算机的基本组成,认识多媒体计算机系统,熟练使用Windows的多媒体功能。第3章,计算机软件。希望学生通过实验了解Windows风格的软件界面、运行环境、安装与卸载等。第4章,Windows 7操作系统。通过实验可以使学生进一步加深对图形化用户界面的理解,为使用Windows风格的软件打下基础;加深学生对文件及文件系统的理解,提高学生通过控制面板管理、定制并优化计算机运行环境的能力。第5章,文字处理。希望学生通过实验逐步掌握使用Word 2010进行文字处理的基本技能,能够使用Word制作出符合特定需要及预期目标的文档。第6章,制作电子表格,旨在帮助学生掌握用Excel 2010处理一般办公事务中各种数据的方法。第7章,制作演示文稿的方法,旨在帮助学生掌握设计符合特定主题风格的演示文稿,学习在演示文稿中使用各种对象与动画效果增加演示文稿表现力的方法。第8章,网络与Internet,旨在让学生能够对网络及Internet有初步的概念性认识,掌握使用Internet的基本方法。第9章,多媒体技术,旨在帮助学生掌握Photoshop和Flash等多媒体工具的使用方法。第10章,数据(信息)安全,旨在让学生建立基本的安全概念,具备初步的计算机系统安全防护能力。

为了促进学生主动学习,在本书的许多实验中,仅仅给出了一般的操作思路,具体的操作步骤需要学生自己完成。另外,在每一个实验结尾均给出了一定数量的思考与练习题,作为学习目标的延伸与深化。

2

参加本书编写的人员均为长期从事计算机教育教学工作的一线教师及专家，有丰富的教学经验。本书由万家华、程家兴担任主编，由徐梅编写第 1、2、7 章，王美荣编写第 3、5 章，万家华编写第 4、8、10 章，贺爱香编写第 6、9 章，万家华、程家兴进行统稿和定稿。本书及配套教材可作为高等院校计算机基础课程的教材。在本书的编写过程中，许多专家及同行给予了指导与帮助，在此，一并向他们表达诚挚的谢意！

由于编者水平有限，书中难免存在疏漏和不足之处，恳请广大读者批评指正。

编　者
2019 年 5 月

Contents

计算机与互联网概述

实 验 1.1　认 识 计 算 机

【实验目的】

(1)掌握规范的开关微型计算机的过程与方法。

(2)了解组成微型计算机系统的主要硬件。

(3)熟悉微型计算机的一般操作规程。

(4)掌握鼠标的常用操作方法。

【实验要求】

(1)认真学习教材第1章的内容,对计算机基本组成及用户界面等有基本的认识。

(2)在开始实验前查阅有关微型计算机组成与配置的资料。

(3)认真学习所在实验室的管理制度并严格遵守,了解实验室计算机的基本操作要求。

(4)在操作过程中,仔细阅读屏幕显示的窗口或者对话框中的信息,并思考它们对实训操作的帮助意义。

【实验内容】

(1)开机与关机。

(2)学会使用鼠标。

(3)观察并记录微型计算机的外部接口及其内部配置。

(4)使用图形用户界面显示、创建与删除文件夹。

【实验过程】

1.开机

按下计算机的主机箱上的 Power 键(又称开关键,一般是主机箱前面板中最大的按键),即可打开计算机,计算机的开机流程如下:

第一步,系统自检。正常情况下能听到一声清脆的"滴"声。

第二步,引导操作系统。此时一般能看到操作系统的标志画面(如 Windows 7 启动画面);注意观察在启动过程中屏幕上显示的信息。这些信息包括微型计算机中基本部件的状态信息及操作系统信息等。

第三步,输入用户名称与口令。操作系统引导成功后,根据操作系统的设置,有时在系统启动过程中,屏幕会显示一个对话框,要求输入用户名称及口令。输入用户名和密码后就可以看到操作系统的桌面。但大多数公共机房中的计算机可能不需要这一操作。

至此,开机操作完成。计算机的软硬件配置不同,开机所需时间也不尽相同,大致需 30 秒至 1 分钟。

说明:在启动过程中是否要求输入用户名及口令取决于所用计算机的具体配置。实验室的管理方式也可能对操作步骤产生影响。

2. 关机

依靠操作系统进行工作,在关机时应先正常关闭操作系统,然后再关闭计算机的电源(按 Power 键)。单击桌面左下角的"开始"按钮,在打开的"开始"菜单中单击"关机"按钮,即可关闭计算机。

备注:正常关闭操作系统的方法可以参阅第 4 章关闭 Windows 7 的方法。

现在使用的很多机箱都具有自动关机的功能(ATX 机箱),只要退出操作系统就可以自动关机,无需再人为关闭计算机电源。

3. 鼠标的基本操作

(1)手握鼠标的方法。

手握鼠标的正确方法是:食指和中指自然放置在鼠标的左键和右键上,拇指横向放于鼠标左侧,无名指和小指放在鼠标的右侧,拇指、无名指及小指轻轻握住鼠标,手掌心轻轻贴住鼠标后部,手腕自然垂放在桌面上,其中食指控制鼠标左键,中指控制鼠标右键和滚轮。

(2)鼠标的基本操作。

鼠标的基本操作包括指向、单击、右击、双击、拖动和滚动等。

指向:又称移动定位,即移动鼠标,使光标指向选择对象。指向主要用于移动光标到目标对象。

单击:快速按一下鼠标左键并立即释放,用于定位或选中某个对象。

右击:全称为右键单击。快速按下并释放鼠标右键,通常用于调出所选对象的快捷菜单。

双击:在对象上连续按两次鼠标左键,用于启动程序或关闭某个对象。

拖放:按下鼠标按键不放,移动鼠标,当光标移到某一特定位置后松开按键,主要用于对象移动。

滚动:在两个鼠标按钮中间镶嵌一个小轮,在支持智能鼠标的应用程序中(如 Office 2010),滚动小轮就可以实现文档的上下滚动,也就是完成拖动滚动条的任务。这在网上浏览是非常有用的。

4. 观察微型计算机的外部接口

微型计算机的外部接口主要包括多个 USB 接口、串行总线接口、并行总线接口、VGA 显示器接口、键盘与鼠标接口、各种音视频设备接口等。例如,连接显示器的 VGA 显示器接口是一种 D 型 15 针的插座。请仔细观察每个接口的数量、主要外观特征以及连接的设备,并完成"思考与练习"中的第(2)题。

5. 观察微机属性

再次开机,并继续以下操作:

①右键单击"计算机"图标,在弹出的快捷菜单中选择"属性"命令,打开"系统属性"窗口显示基本的配置信息,如操作系统名称与版本号、CPU 型号、内存大小等。

②选择"系统"窗口左侧的"设备管理器",显示如图 1-1 所示的"设备管理器"对话框。

③单击每一个对象前面的"▷"展开该项,能够看到详细的硬件信息,请记录下这些信息,理解这些信息的具体意义,并完成"思考与练习"中的第 3 题。

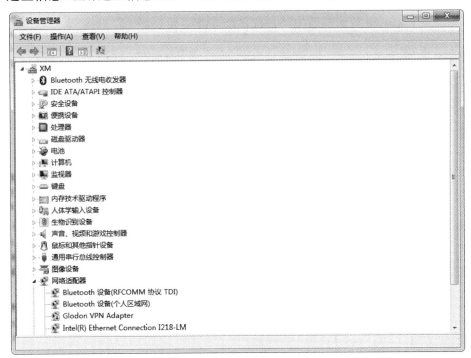

图 1-1　设备管理器

6. 使用图形用户界面

①双击"计算机"图标,打开"计算机"窗口,双击 D 盘图标,屏幕显示"本地磁盘(D:)"窗口。

②在"本地磁盘(D:)"窗口空白处右击,选择"新建"→"文件夹",则在 D 盘窗

4

口中显示一个新的文件夹图标,其默认名为"新建文件夹"且处于可编辑状态,直接输入新的文件夹名称"测试文件夹"。

③双击"测试文件夹"图标,打开该文件夹,再退回到其上级文件夹。

④右键单击"测试文件夹",在弹出的菜单中选择"删除"命令,按提示信息操作。

【思考与练习】

(1)启动和退出 Windows 7 操作系统,在开机过程中屏幕上会显示一些信息,请问这些信息都包含哪些方面的内容?

(2)在下表中填写你所使用的计算机上的主要接口的信息。

接口名称	主要连接设备	接口描述	数量
VGA 接口	VGA 显示器械	15 针 D 型	1

(3)在下表中填写你所使用的计算机的主要配置信息。

部件名称	型号	主要技术指标	数量
CPU	Intel Pentium M	1.5GHz	1

(4)练习使用鼠标操作图形用户界面的基本方法,例如,窗口的最大化、最小化、还原、移动窗口和使用各种菜单等。

实验 1.2　使用互联网

【实验目的】

(1)掌握访问 WWW 的基本方法,并能够通过搜索引擎找到需要的信息。

(2)通过 WWW 申请电子邮件账号。

(3)掌握使用及管理电子邮件的方法。

(4)掌握通过 Internet 下载免费软件的基本方法。

【实验要求】

(1)认真学习教材第 1 章的内容,对 WWW 及电子邮件等有基本的认识。

(2)在开始实验前查阅有关 Internet、WWW 及 E-mail 的文献。

(3)在访问 Internet 的过程中,注意网络安全。

【实验内容】

(1)认识 IE 浏览器,并会启动。

(2)浏览新浪网"www. sina. com",能够实现浏览、保存网页等浏览器的基本操作。

(3)使用搜索引擎查找相关信息。

(4)通过 Web 站点申请免费电子邮箱,收发并管理电子邮件。

(5)搜索"搜狗输入法"软件并下载。

【实验过程】

1. IE 浏览器及其使用

IE 浏览器是目前主流的浏览器,双击桌面上的 Internet Explorer 图标或单击"开始"按钮,在打开的下拉列表中选择"所有程序"→"Internet Explorer",均可启动 IE 浏览器。

(1)浏览网页。

①双击桌面上的 Internet Explorer 图标启动 IE 浏览器,在浏览器地址栏中输入目标网站网址的关键部分,如输入"www. sina. com. cn",按"Enter"键,IE 系统将自动补足剩余部分,并打开该网页。

②在网页中列出了很多信息的目录索引,将鼠标光标移动到某索引词上,鼠标光标变为 形状,单击鼠标。打开索引相关网页,在其中滚动鼠标滚轮实现网页的上下移动。将光标移动到自己感兴趣的内容处,再次单击鼠标,打开的网页可显示其具体内容。

(2)保存网页中的资料。

①保存文字:打开一个需要保存资料的网页,使用鼠标选择要保存的文字,在

已选择的文字区域中单击鼠标右键,在弹出的快捷菜单中选择"复制"命令或按"Ctrl＋C"组合键。启动记事本程序或 Word 软件,选择"编辑"→"粘贴"命令或按"Ctrl＋V"组合键,将复制的文本粘贴到该软件中。然后保存文件即可。

②保存图片:在需要保存的图片上单击鼠标右键,在弹出的快捷菜单中选择"图片另存为"命令,打开"保存图片"对话框。在"保存在"下拉列表框中选择图片保存的位置,在"文件名"文本框中输入要保存的图片文件名,单击"保存"按钮,将图片保存在电脑中。

③保存网页:在当前网页上右击,选择"网页另存为",显示如图 1-2 所示的"另存为"对话框,选择保存网页的地址,设置名称,单击"保存"按钮,系统将显示保存进度,保存完毕后即可在所保存的文件夹内找到该网页文件。

图 1-2 "保存网页"对话框

(3)使用收藏夹。

①打开新浪(http：//www.sina.com.cn/)网页,单击收藏夹菜单或"收藏夹"按钮。

②在网页左侧打开收藏夹,单击上方的"添加到收藏夹"按钮,打开"添加收藏"对话框,在"名称"文本框中输入网页名称,单击"新建文件夹"按钮。

③打开"新建文件夹"对话框,在"文件夹名"文本框中输入文件名称,依次单击"创建"和"添加"按钮,完成设置。

④再次打开收藏夹,即可发现新建的网页文件夹,单击该文件夹,下面将显示保存的网页图标,单击即可将其打开。

2.使用搜索引擎

①在地址栏中输入"http：//www.baidu.com",按"Enter"键打开"百度"首页。

②在文本框中输入搜索的关键字,如"安徽新华学院",单击"百度一下"按钮。

③打开的网页将显示搜索结果,单击任意一个超链接即可在打开的网页中查看具体内容。

3. 电子邮箱

电子邮箱的格式是 user@mail. server. name,其中,user 是用户账号,mail. server. name 是电子邮件服务器名,@是连接符。

(1)申请免费的电子邮箱。

①打开浏览器,在地址栏中输入"http: // www. sina. com. cn"。

②在新浪主页中单击"邮箱"→"免费邮箱"链接,在弹出的"注册新浪免费邮箱"网页中,根据屏幕提示填写并提交相关的注册信息,如图 1-3 所示。

图 1-3　注册新浪免费邮箱

(2)了解电子邮件的专有名词。

电子邮件经常会使用的专有名词有收件人、抄送、暗送、主题、附件和正文等。

(3)创建电子邮件并发送。

①打开浏览器,在地址栏中输入"http: // www. sina. com. cn"。

②在新浪邮箱主页的"邮箱账号登录"选项卡中输入刚注册的用户名及密码,单击"登录"按钮,进入新浪邮箱。

③在新浪邮箱中,单击"写信"按钮,屏幕显示"写信"对话框。

④根据屏幕显示,依次输入"收件人""抄送"(如果需要的话)及"主题",在下面的文本框中输入邮件正文,请注意要使用规范的邮件格式。

⑤如果需要同时发送其他的文档,可以单击"添加附件"按钮并根据屏幕提示进行相应操作。

⑥单击"发送"按钮,完成发送任务。

（4）阅读并管理电子邮件。

在邮箱的"收件箱"列表中单击相应的按钮或者菜单,阅读电子邮件并对其进行转发及删除等操作。

4.下载资源

①在 IE 浏览器的地址栏中输入"http://www.onlinedown.net/",按"Enter"键,打开华军软件园下载网。

②在搜索文本框中输入下载的软件名称,单击"搜索"按钮打开搜索网页,找到下载地址后,单击"本地下载"按钮,选择"电信高速下载1"。

③弹出"新建下载任务"对话框,设置文件的保存地址、文件名后,单击"保存"按钮。打开"下载进度"对话框,完成下载后,进度对话框自动关闭。在保存位置可查看下载的资源。

【思考与练习】

（1）以"计算机的发展"及"计算机对我们生活的影响"为主题,在 WWW 上搜索相关信息。

（2）给你的老师发一封电子邮件。邮件应该包括称呼、问候语、开头部分、正文、结束语、致谢与问候语、发信人姓名及日期等,邮件主题为"我对计算机课程的了解和建议"。

实 验 1.3　键 盘 及 指 法 练 习

【实验目的】

(1)熟悉键盘的构成以及各键的功能和作用。

(2)了解键盘的键位分布并掌握正确的键盘指法。

(3)熟练掌握英文字符的输入方法。

(4)熟练掌握一种中文输入方法。

(5)掌握指法练习软件"金山打字通"的使用。

【实验要求】

(1)确保系统中安装了指法练习软件(建议使用"金山打字通")。

(2)了解键盘布局、输入时的手指分工及正确的击键姿势。

(3)了解某一种中文输入方法的编码规则,例如,智能 ABC。

(4)理解基本指法的重要性,保持足够的耐心并刻苦练习。

【实验内容】

(1)使用指法练习软件练习英文及中文输入。

(2)在写字板中练习汉字输入。

【实验过程】

1.熟悉键盘

键盘是用户向计算机输入数据和命令的工具。随着计算机技术的发展,虽然输入设备越来越丰富,但键盘的主导地位却是替换不了的。正确地掌握键盘的使用,是学好计算机操作的第一步。PC 键盘通常分为 5 个区域,分别是主键盘区、功能控制区、编辑键区、小键盘区(辅助键区)和状态指示区,如图 1-4 所示。

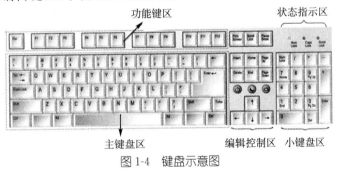

图 1-4　键盘示意图

(1)主键盘区。

①字母键:位于主键盘区的中心区域,包括 26 个英文字母 a~z(大写为 A~Z)。按下字母键,屏幕上就会出现对应的字母。

②数字键:位于主键盘区上面第 2 排,包括 0~9 共 10 个阿拉伯数字。直接

按下数字键,可输入数字,按住"Shift"键不放,再按数字键,可输入数字键中数字上方的符号。

③Tab(制表键):按此键一次,光标后移一固定的字符位置(通常为 8 个字符)。

④Caps Lock(大小写转换键):用于字母大小写的转换。在键盘的状态指示区有一个与之对应的指示灯,灯亮为大写状态,灯灭为小写状态。输入字母为小写状态时,按一次此键,键盘右上方 Caps Lock 指示灯亮,输入字母切换为大写状态;若再按一次此键,指示灯灭,输入字母切换为小写状态。

⑤Shift(上档键):有的键面有上下两个字符,称双字符键。当单独按这些键时,则输入下档字符。若先按住"Shift"键不放,再按双字符键,则输入上档字符。

⑥Ctrl、Alt(控制键):这两个键单独使用无意义,可与其他键配合使用来实现特殊功能。

⑦Space(空格键):用于输入空格,按此键一次产生一个空格。

⑧Backspace(退格键):用于删除当前光标前一个字符。按此键一次删除光标左侧一个字符,同时光标左移一个字符位置。

⑨Enter(回车换行键):按此键一次可使光标移到下一行,表示一次操作的结束。

⑩专业符号键,包括～、!、@、#、$、%、^、&、*、(、)、_、-、+、=、\、{、}、[、]、:、;、"、'、?、/、〈、〉、,、. 等。

(2)功能键区。

①F1～F12(功能键):键盘上方区域,通常将常用的操作命令定义在功能键上,它们的功能由各软件自行规定。其作用是代替某些功能操作,以减少击键次数,方便用户。不同的软件中功能键有不同的定义。例如,在大多数 Windows 软件环境中,"F1"键通常定义为帮助功能。

②Esc(退出键):多用于软件中退出操作,按下此键可放弃操作,如汉字输入时可取消没有输完的汉字。

③Print Screen(打印键/拷屏键):用于将屏幕上的内容打印出来。按此键可将整个屏幕复制到剪贴板;按"Alt+Print Screen"组合键可将当前活动窗口复制到剪贴板。

④Scroll Lock(滚动锁定键):该键在 DOS 时期用处很大,在阅读文档时,使用该键能非常方便地翻滚页面。进入 Windows 时代后,Scroll Lock 键的作用越来越小,不过在 Excel 软件中,利用该键可以在翻页键(如"PgUp"和"PgDn")使用时只滚动页面而单元格选定区域不随之发生变化。在键盘的状态指示区有一个与之对应的指示灯,灯亮为滚动锁定状态,灯灭为滚动状态。

⑤Pause Break(暂停键):用于暂停执行程序或命令,按任意字符键后,再继

续执行。

（3）编辑控制区。

①Ins/Insert（插入/改写转换键）：用于插入与改写状态的转换。按下此键，进行插入/改写状态转换，在光标左侧插入字符或覆盖光标右侧字符。

②Del/Delete（删除键）：用于删除当前光标后面的文本。按下此键，删除光标右侧字符。

③Home（行首键）：按下此键，光标移到行首。

④End（行尾键）：按下此键，光标移到行尾。

⑤PgUp/PageUp（向上翻页键）：按下此键，光标定位到上一页。

⑥PgDn/PageDown（向下翻页键）：按下此键，光标定位到下一页。

⑦←、→、↑、↓（光标移动键）：分别按下各键使光标向左、向右、向上、向下移动。

（4）小键盘区。

①数字键：作用与主键盘区的数字键基本相同。由于小键盘区的数字键比较集中，便于右手操作，所以使用其输入大量数字时很方便。

②符号键：包括＋、－、*、/。其作用与主键盘区的对应键基本相同。

③数字锁定键（Num Lock）：小键盘区各键既可作为数字键，又可作为编辑键。两种状态的转换由该区域左上角的数字锁定转换键"Num Lock"控制，当Num Lock 指示灯亮时，该区处于数字键状态，可输入数字和运算符号；当 Num Lock 指示灯灭时，该区处于编辑状态，利用小键盘的按键可进行光标移动、翻页和插入、删除等编辑操作。

（5）状态指示区。

状态指示区包括 Num Lock 指示灯、Caps Lock 指示灯和 Scroll Lock 指示灯。根据相应指示灯的亮灭，可分别判断出数字小键盘状态、字母大小写状态和滚动锁定状态。

2.键盘指法

（1）基准键与手指的对应关系。

基准键与手指的对应关系如图 1-5 所示。

基准键位：字母键第二排"A""S""D""F""J""K""L"";"8 个键为基准键位。

（2）键位的指法分区。

在基准键的基础上，其他字母、数字和符号与 8 个基准键相对应，指法分区如图 1-6 所示。实线范围内的键位由规定的手指管理和击键，左右外侧的剩余键位分别由左右手的小拇指来管理和击键，空格键由大拇指负责。

图1-5　基准键与手指的对应关系

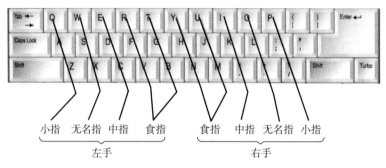

图1-6　键位指法分区图

(3)击键方法。

正确的打字姿势为：

①身体坐正,双手自然放在键盘上,腰部挺直,上身微前倾；双脚的脚尖和脚跟自然地放在地面上,大腿自然平直；坐椅高度与计算机键盘、显示器的放置高度要适中,一般以双手自然垂放在键盘上时肘关节略高于手腕为宜,显示器的高度则以操作者坐下后,其目光水平线处于屏幕上的2/3处最佳。保持手臂静止,击键动作仅限于手指。

②准备打字时,手指略微弯曲,微微拱起,左手食指放在"F"键上,右手食指放在"J"键上,其他的手指(除拇指外)按顺序分别放置在"A""S""D""F""J""K""L"";"相邻的8个基准键位上。大拇指则轻放于空格键上,在输入其他键后手指重新放回基准键位。

③输入时,伸出手指敲击按键,之后手指迅速回归基准键位,做好下次击键准备。如需按空格键,则用大拇指向下轻击；如需按"Enter"键,则用右手小指侧向右轻击。

④输入时,目光应集中在稿件上,凭手指的触摸确定键位,初学时尤其不要养成用眼确定指位的习惯。

3. 指法练习软件"金山打字通"

打字练习软件的作用是通过在软件中设置的多种打字练习方式,使练习者由键位记忆到文章练习并掌握标准键位指法,提高打字速度。目前可用的打字软件较多,下面仅以"金山打字通"为例作简要介绍,说明打字软件的使用方法,当然,也可以在任意一个编辑软件中或者使用其他的指法练习软件进行练习。

打开"金山打字通"软件,显示如图1-7所示的主界面,可以看到在该软件中,提供了英文打字、拼音打字、五笔打字 3 种主流输入法的针对性学习，并可以进行打字速度测试、运行打字游戏等。每种输入法均从最简单的字母或字根开始，逐渐过渡到词组和文章练习，为初学者提供了一个从易到难的学习过程。

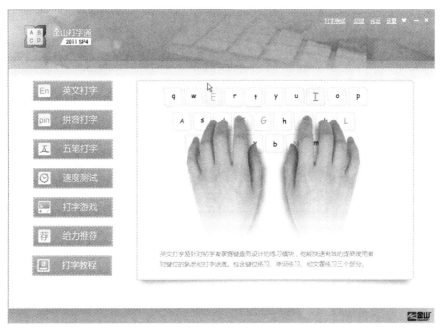

图 1-7　金山打字通主界面

单击"英文打字"按钮，打开"键位练习（初级）"的练习界面，如图 1-8 所示。根据程序要求，运用键盘进行键位指法内容练习，熟练完成练习内容后，可单击"课程选择"按钮选择软件预先设置的课程内容进行练习。

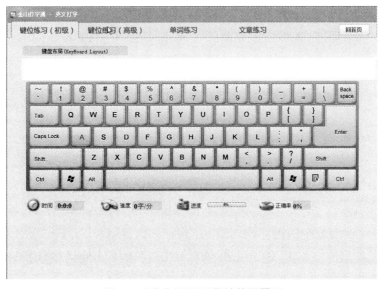

图 1-8　"金山打字通"指法练习界面

4. 设置汉字输入法

汉字输入法是指输入汉字的方式。常用的汉字输入法有微软拼音输入法、搜狗拼音输入法和五笔字型输入法等。这些输入法按编码的不同可以分为音码、形码和音形码 3 类。在 Windows 7 操作系统中,输入法统一由语言栏 进行管理。

(1)认识汉字输入法的状态条。

汉字输入法的状态条如图 1-9 所示。

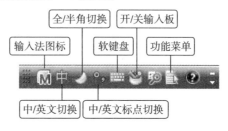

图 1-9　汉字输入法状态条

(2)使用拼音输入法输入汉字。

使用拼音输入法输入汉字时,直接输入汉字的拼音编码,然后输入汉字前的数字或直接用鼠标单击需要的汉字即可输入。当输入的汉字编码的重码字较多时,可通过按"＋"键向后翻页,按"－"键向前翻页,再选择需要输入的汉字。目前输入法的种类很多,各种拼音输入法都提供了全拼输入、简拼输入和混拼输入等多种输入方式。

(3)使用搜狗拼音输入法输入汉字。

①在桌面上右击,选择"新建"→"文本文档"并修改文档名称。单击语言栏中的"输入法"按钮 ,选择所需要的输入法,然后输入编码"ceshiwendang",此时在汉字状态条中将显示出所需的"测试文档"文本。

②单击状态条中的"测试文档"或直接按空格键输入文本,再次按"Enter"键完成输入。

③双击桌面上新建的"测试文档"记事本文件,启动记事本程序,在编辑区单击,将出现一个插入点,按数字键"5"输入数字"5",切换至所需输入法,输入编码"yue",单击状态条中的"月"或按空格键输入文本"月"。

④继续输入数字"10",并输入编码"ri",按空格键输入"日"字,再输入简拼编码"shwu",单击或按空格键输入词组"上午"。

⑤连续按多次空格键,输入几个空字符串,接着继续使用微软拼音输入法输入后面的文字内容,输入过程中按"Enter"键可分段换行。

⑥单击搜狗拼音输入法状态条上的 图标,在打开的下拉列表中选择"特殊

符号"选项,在打开的软键盘(见图 1-10)中单击选择特殊符号。

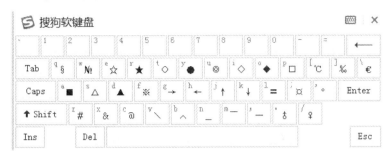

图 1-10 搜狗输入法"特殊符号"软键盘

⑦单击软键盘右上角的 ✖ 按钮关闭软键盘,在记事本程序中选择"文件"菜单下的"保存"命令,保存文档内容。

5.中英文切换

通过控制面板中的语言选项,可以设置中英文输入状态的切换方法。

注意:默认按快捷键"Ctrl＋Shift"进行英文和各种中文输入法间的切换。按快捷键"Ctrl＋空格"进行中文输入法和英文状态间的切换。

【思考与练习】

(1)打开"金山打字通"软件,选择"键位课程",熟悉基本键的位置。

(2)打开"金山打字通"软件,选择"手指分区练习"课程,熟悉键位的手指分工。

(3)打开"金山打字通"软件,进入"单词练习",按照程序要求进行单词输入练习。

(4)打开"金山打字通"软件,选择"文章练习",按照程序要求进行文章输入练习。练习英文输入,速度至少达到 100 字符/分钟。练习中文输入,速度至少达到 40 汉字/分钟。

计算机硬件

实验 2.1　计算机硬件的认识与连接

【实验目的】

(1)认识计算机的基本硬件及组成部件。

(2)了解计算机系统各个硬件部件的基本功能。

(3)掌握计算机的硬件连接步骤及安装过程。

(4)了解微机市场基本信息,能够列出主要的微机生产商名称及其主流产品的品牌、型号、配置和价格,并能够对这些产品进行比较。

【实验要求】

(1)认真学习教材第 2 章的相关内容,认识微机的基本组成。

(2)在开始实验前访问相关的网站或者电脑公司,了解有关微机组成的基本信息,如主板、CPU、内存、硬盘、显卡、显示器等部件的型号、性能及价格等。

【实验内容】

(1)观察 PC 的组成;掌握主板各部件的名称、功能等,了解主板上常用接口的功能、外观形状、颜色、插针数和防插反措施;熟悉常用外部设备的连接方法,注意区分不同设备的接口颜色和形状。学会如何组装一台个人计算机。

(2)通过百度或其他搜索引擎,检索当前市场中主要的微机生产商,并访问其网站,了解其产品配置及价格信息。

(3)通过 WWW 了解市场及用户对各种微机产品的评价,以便对不同微机的性能、质量及市场占有情况进行判断。

(4)通过搜索引擎了解有哪些可以提供 IT 产品信息的网站,访问这些网站以了解 CPU、RAM、主板、硬盘等微机主要部件的性能指标与价格。

【实验过程】

1. 了解微机的主要部件及其技术指标

微机的主要部件包括 CPU、主板、内存、总线、显卡、显示器及外部存储器等。具有多媒体功能的计算机配有音箱、话筒等。除此之外,计算机还可外接打印机、扫描仪、数码相机等设备。

计算机最主要的部分位于主机箱中,如计算机的主板、电源、CPU、内存、硬盘、各种插卡(如显卡、声卡、网卡)等主要部件都安装在机箱中。机箱的前面板上有一些按钮和指示灯,有的还有一些插接口,背面有一些插槽和接口。

2.组装个人计算机

一般来说,组装个人计算机需要购买下列 9 种配件:

①计算机主板:包含计算机系统主要组成的电路板,一般声卡和网卡都已经集成到电路板上,不必再购买。

②CPU:负责计算机系统运行的核心硬件。

③内存条:存储数据的硬件,一旦关闭电源,数据就会丢失。

④显卡:控制计算机的图像输出。为降低成本,有些计算机将显卡也集成到计算机主板上。

⑤硬盘:最常用的存储设备。

⑥光驱:读取光盘数据的设备。

⑦机箱:安装计算机的各种硬件(以上 6 种硬件)的外壳,一般配有电源。

⑧显示器:计算机的显示输出设备,一般是液晶显示器。

⑨键盘和鼠标:最常用的输入设备。

在组装时,首先在主板的对应插槽里安装 CPU、内存条,如图 2-1 所示;然后把主板安装在主机箱内;再安装硬盘、光驱,接着安装显卡、声卡、网卡等,连接机箱内的接线,如图 2-2 所示;最后连接外部设备,如显示器、鼠标、键盘等。

图 2-1　计算机主板

图 2-2　计算机主机箱内部

(1)安装 CPU。

将主板平置于桌面,CPU(见图 2-3、图 2-4)插槽是一个布满均匀圆形小孔的方形插槽,根据 CPU 的针脚和 CPU 插槽上插孔的位置的对应关系确定 CPU 的安装方向。拉起 CPU 插槽边上的拉杆,将 CPU 的引脚缺针位置对准 CPU 插槽相应位置,待 CPU 针脚完全放入后,按下拉杆至水平方向,锁紧 CPU。之后安装

CPU 风扇,并将风扇电源线插头插到主板上的 CPU 风扇插座上。

图 2-3 CPU 正面

图 2-4 CPU 背面

(2)安装内存。

内存(见图 2-5)插槽是长条形的插槽,内存插槽中间有一个用于定位的凸起部分,按照内存插脚上的缺口位置将内存条压入内存插槽,使插槽两端的卡子可完全卡住内存条。

图 2-5 内 存

(3)安装主板。

将主板放入机箱,注意主板上的固定孔对准拧入的螺柱,主板的接口区对准机箱背板的对应接口孔,边调整位置边依次拧紧螺丝固定主板。

(4)安装光驱、硬盘。

拆下机箱前部与要安装光驱位置对应的挡板,将光驱(见图 2-6)从前面板平行推入机箱内部,边调整位置边拧紧螺丝,把光驱固定在托架上。使用同样方法从机箱内部将硬盘(见图 2-7)推入并固定于托架上。

图 2-6 光 驱

图 2-7 硬 盘

(5)安装显卡、声卡、网卡等。

(6)安装电源。

把电源(见图 2-8)放在机箱的电源固定架上,使电源上的螺丝孔和机箱上的螺丝孔一一对应,然后拧上螺丝。

(7)连接机箱内部连线。

①连接主板电源线:把电源上的供电插头(20 芯或 24 芯)插入主板对应的电源插槽中。

②连接主板上的数据线和电源线：包括硬盘、光驱等的数据线和电源线，如图 2-9 所示。

图 2-8　电　源

图 2-9　硬盘数据线

③连接主板信号线和控制线。

(8)连接外部设备。

连接显示器、键盘、鼠标、音箱或耳机等外部设备。

以上步骤完成后，计算机系统的硬件部分就基本安装完毕了。

3.了解微机生产商及其产品信息

①访问百度的网站。

②输入查询关键字"主要的微机生产商"进行查询，在浏览器的主窗口中会显示查询结果。

③根据查询结果中的链接访问相应公司的网站，详细了解其产品信息，完成"思考与练习"中的第(1)题。

4.对主流的微机产品进行评价

①访问百度的网站，搜索并记录对上述各公司产品的评价信息以及可能的对新产品的检测信息。

②对不同的评价进行分析比较，列出评价结果，完成"思考与练习"中的第(2)题。

5.了解微机部件的配置及价格信息

①访问 IT168 网站(http://www.it168.com)及中关村在线网站(http://www.zol.com.cn)。

②完成"思考与练习"中的第(3)题。

【思考与练习】

(1)目前主要的微机生产商有哪些？请列出其公司名称以及微机的品牌、型号、配置、性能与价格等。

(2)对主要微机生产商的情况进行评估，并根据评估结果对这些生产商进行排序。评估的内容及标准请自己设计。

(3)根据市场调查，写一份适合自己的计算机或笔记本配置清单。

(4)到电脑城去了解和实习如何实际组装一台计算机或选购笔记本，写一份自己总结的经验报告。

实验 2.2 安装多媒体组件

【实验目的】

(1)了解多媒体计算机系统的基本组成。

(2)掌握常用多媒体组件的安装方法。

【实验要求】

(1)认真阅读教材第2章的内容,初步掌握多媒体计算机的基本组成与功能。

(2)在开始实验前访问有关网站,了解主要的多媒体设备的技术指标。

(3)确保实验用的计算机有安装外部设备的扩展槽,准备好实验用的配件,包括声卡及图形卡各一块。

【实验内容】

(1)安装声卡及图形卡。

(2)查看计算机系统中的多媒体硬件信息。

【实验过程】

1.观察多媒体计算机的硬件组成

打开计算机的主机箱,仔细观察其硬件组成,完成"思考与练习"中的第1题。

2.安装声卡与图形卡

①关闭主机电源,拔掉主机电源插头,用手触摸一下金属物以释放静电。

②打开机箱,取出主板上空闲的I/O扩展槽对应的金属挡板,分别将声卡和图形卡插入到对应的扩展槽上,并上紧螺丝。

③将 CD-ROM 的音频输出线连接到声卡的音频输入插座上。

④将扬声器插头插入声卡的扬声器插孔内。

⑤重新启动计算机。在 Windows 系统启动登录后,在桌面的任务栏上会出现一个小图标,并弹出"发现新硬件"和"正在搜索新硬件的驱动程序"的文本框提示。如果使用的是非即插即用的声卡和图形卡,一般会附带驱动程序光盘,此时可以手工从磁盘安装其驱动程序。

3.打印机的安装和使用

①目前市场上大多是即插即用式打印机,数据接口线一般都是 USB 接口。

②将打印机数据线连接到计算机的 USB 接口,从网络上搜索并下载相应型号打印机的驱动程序。

③安装相应的打印机驱动程序,根据提示信息操作。

④安装成功后,在"控制面板"→"设备和打印机"项目下会出现打印机的图标,如图 2-10 所示。

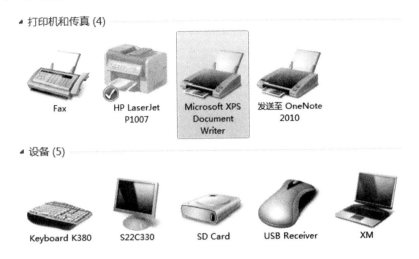

图 2-10　"设备和打印机"窗口

⑤右击打印机,在弹出的菜单中选择"设置为默认打印机",下次打印文档时即可自动启动该打印机。

【思考与练习】

(1)一个功能齐全的多媒体计算机系统从处理的流程来看,包括哪几个部分?

(2)你所使用的微机系统中包含哪些多媒体部件?请列出其名称及主要作用。

(3)你所知道的常用的多媒体设备有哪些?图形卡与显卡有什么区别?

计算机软件

实验 3.1　安 装 软 件

【实验目的】

(1)了解软件安装的基本过程及主要任务。

(2)掌握 Windows 软件安装的基本方法。

(3)理解软件安装及运行环境。

【实验要求】

(1)使用的计算机可以联网,或者可以从指定的内部服务器上下载需要的软件。

(2)有一个具备读写权限的磁盘(一般建议为 D 盘),并具有足够的空间。

(3)注意阅读安装过程中显示的各种信息。

(4)安装结束后试运行安装的软件。

【实验内容】

(1)下载 360 安全卫士的最新版本。

(2)在 D 盘中安装下载的软件。

(3)使用 360 安全卫士对电脑进行全方位地检查。

【实验过程】

1. 下载 360 安全卫士

①打开 360 的官网,网址为"http://www.360.cn/"。

②360 提供了很多产品。在软件列表中找到 360 安全卫士,点击"下载",在弹出的提示框中选择"另存为",在打开的对话框中指定下载软件的存储位置(例如"D:\software")后,即可开始下载。

2. 安装软件

①开始安装软件。打开"D:\software"文件夹,双击"inst.exe"图标,出现如图 3-1 所示的"安全警告"窗口。

②在图 3-1 中单击"运行"按钮,在随后显示的更改文件夹窗口中设置目标文件夹。例如,"C:\Program Files\360\360safe"。

图 3-1　软件开始安装时的"安全警告"窗口

③单击"同意并安装"按钮,安装程序开始做安装准备,并显示其进程,当该进程完成后,会自动在任务栏最右侧的通知区域添加 360 安全卫士图标,并自动打开如图 3-2 所示的 360 安全卫士的主界面。

图 3-2　360 安全卫士主界面

3. 使用 360 安全卫士对电脑进行全方位检查

①打开 360 安全卫士主界面,在电脑体检页面点击"立即体检"按钮,软件会对电脑进行全方位地检查,并给出如图 3-3 所示的检查结果。用户可以根据需要对电脑进行修复。

图 3-3　体检结果

②进入"木马查杀"页面,在打开的如图 3-4 所示的界面中选择"全盘查杀"。360 安全卫士会对计算机中的所有资源进行全盘扫描,并显示扫描结果。

图 3-4　"木马查杀"主界面

【思考与练习】

(1)在安装软件的过程中,你做了哪些操作? 操作系统(或者说计算机系统)又做了哪些操作? 请写出这些操作及其作用。

(2)测试电脑性能,需要有专门的性能测试软件。请从 Internet 上查找一款合适的软件,下载并安装。

(3)使用 360 安全卫士对计算机中的垃圾文件进行清理。

(4)将计算机中所有的软件升级到最新版本。

实 验 3.2　卸 载 (删 除) 软 件

【实验目的】

(1)理解软件卸载的基本概念。

(2)掌握卸载一般软件的操作步骤。

【实验要求】

(1)认真学习教材第3章的内容,掌握软件卸载的一般方法与操作步骤。

(2)在操作过程中,仔细阅读屏幕显示的窗口或者对话框中的信息,并思考其对实训操作的帮助意义。

(3)使用的计算机系统中已经安装了本实验即将删除的软件,即"Adobe Reader"软件。

【实验内容】

卸载"Adobe Reader"软件。

【实验过程】

由于"Adobe Reader"软件安装后才可以使用,因此卸载该软件必须通过控制面板中的"添加/删除程序"进行。具体操作步骤如下:

(1)打开"控制面板",在其中选择"程序和功能",屏幕显示如图 3-5 所示的"卸载或更改程序"对话框。

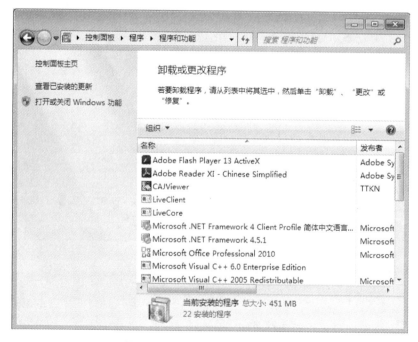

图 3-5　"卸载或更改程序"对话框

(2)右击"卸载或更改程序"对话框中的"Adobe Reader XI",在弹出的菜单中选择"卸载"按钮,将自动删除选定的程序。

【思考与练习】

(1)为什么有些软件可以直接删除文件夹,而 Adobe Reader 却必须通过"控制面板"的"添加/删除"功能才能删除?

(2)如果删除某个软件后想恢复,在什么情况下可以实现? 如何实现?

(3)通过"卸载程序"卸载的软件,其快捷方式是否一起被删除?

Windows 7 操作系统

实验 4.1　Windows 7 的基本操作

【实验目的】

(1)认识 Windows 7 桌面环境及其组成。

(2)掌握鼠标的操作及使用方法。

(3)熟练掌握任务栏和"开始"菜单的基本操作、Windows 7 窗口操作、管理文件和文件夹的方法。

(4)掌握 Windows 7 中新一代文件管理系统——库的使用。

(5)掌握启动应用程序的常用方法。

(6)掌握中文输入法以及系统日期/时间的设置方法。

(7)掌握 Windows 7 中附件的使用。

【相关知识】

1. Windows 7 桌面

"桌面"就是用户启动计算机登录到系统后看到的整个屏幕界面,如图 4-1 所示,它是用户和计算机进行交流的窗口,可以放置用户经常用到的应用程序和文件夹图标,用户可以根据自己的需要在桌面上添加各种快捷图标,在使用时双击图标就能够快速启动相应的程序或文件。以 Windows 7 桌面为起点,用户可以有效地管理自己的计算机。

图 4-1　Windows 7 桌面

　　第一次启动 Windows 7 时,桌面上只有"回收站"图标,大家在 Windows XP 中熟悉的"我的电脑""Internet Explorer""我的文档""网上邻居"等图标被整理到了"开始"菜单中。桌面最下方的小长条是 Windows 7 系统的任务栏,它显示系统正在运行的程序和当前时间等内容,用户也可以对它进行一系列的设置。"任务栏"的左端是"开始"按钮,右边是语言栏、工具栏、通知区域、时钟区等,最右端为显示桌面按钮,中间是应用程序按钮分布区,如图 4-2 所示。

图 4-2　Windows 7 任务栏

　　单击任务栏中的"开始"按钮可以打开"开始"菜单,"开始"菜单左边是常用程序的快捷列表,右边为系统工具和文件管理工具列表。在 Windows 7 中取消了 Windows XP 中的快速启动栏,用户可以直接通过鼠标拖动把程序附加在任务栏上快速启动。应用程序按钮分布区表明当前运行的应用程序和打开的窗口;语言栏便于用户快速选择各种语言输入法,语言栏可以最小化在任务栏显示,也可以使其还原,独立于任务栏之外;工具栏显示用户添加到任务栏上的工具,如地址、链接等。

2.驱动器、文件和文件夹

　　驱动器是通过某种文件系统格式化并带有一个标识名的存储区域。存储区域可以是可移动磁盘、光盘、硬盘等。驱动器的名字是用单个英文字母表示的,当有多个硬盘或将一个硬盘划分成多个分区时,通常按字母顺序依次标识为 C、D、E 等。

　　文件是有名称的一组相关信息的集合,程序和数据都是以文件的形式存放在计算机的硬盘中。每个文件都有一个文件名,文件名由主文件名和扩展名两部分组成,操作系统通过文件名对文件进行存取。文件夹是文件分类存储的"抽屉",它可以分门别类地管理文件。文件夹在显示时,也用图标显示,包含不同内容的文件夹,在显示时的图标是不太一样的。Windows 7 中的文件、文件夹的组织结构是树形结构,即一个文件夹中可以包含多个文件和文件夹,但一个文件或文件夹只能属于一个文件夹。

3.资源管理器

　　资源管理器是 Windows 系统提供的资源管理工具,可以用它查看本台计算机的所有资源,特别是它提供的树形文件系统结构,能更清楚、更直观地查看和使用文件和文件夹。资源管理器主要由地址栏、搜索栏、工具栏、导航窗格、资源管理窗格、预览窗格以及细节窗格 7 部分组成,如图 4-3 所示。导航窗格能够辅助用户在磁盘、库中切换,预览窗格是 Windows 7 中的一项改进,它在默认情况下不显示,可以通过单击工具栏右端的"显示/隐藏预览窗格"按钮来显示或隐藏预览窗格;资源管理窗格是用户进行操作的主要地方,用户可进行选择、打开、复制、移动、创建、删除、重命名等操作。同时,根据显示的内容,在资源管理窗格的上部会显示不同的相关操作。

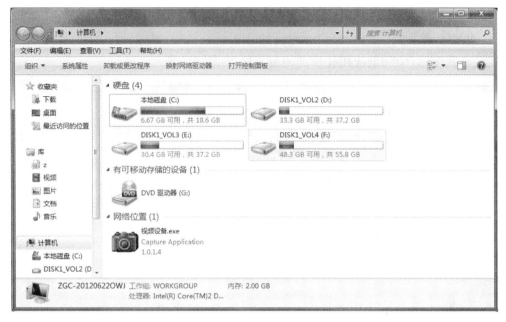

图 4-3　资源管理器

【实验范例】

1. Windows 7 环境下鼠标的基本操作

①指向:移动鼠标,将鼠标指针移到操作对象上,通常会激活对象或显示该对象的有关提示信息。

操作:将鼠标指针移向桌面上的"计算机"图标,如图 4-4 所示。

②单击左键:快速按下并释放鼠标左键,用于选定操作对象。

操作:在"计算机"图标上单击鼠标左键,选中"计算机",如图 4-5 所示。

图 4-4　鼠标的指向操作

图 4-5　单击鼠标左键操作

③单击右键:快速按下并释放鼠标右键,用于打开相关的快捷菜单。

操作:在"计算机"图标上单击鼠标右键,弹出快捷菜单,如图 4-6 所示。

④双击:连续两次快速单击鼠标左键,用于打开窗口或启动应用程序。

操作:在"计算机"图标上双击鼠标,观察操作系统的响应。

⑤拖动:鼠标指针指向操作对象单击左键并按住不放,移动鼠标指针到指定位置再释放按键,用于复制或移动操作对象等。

操作:把"计算机"图标拖动到桌面其他位置,操作过程中图标的变化如图 4-7 所示。

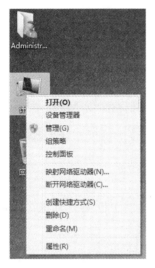
图 4-6　单击鼠标右键操作

图 4-7　鼠标的拖动操作

2. 执行应用程序的方法

方法一:对 Windows 自带的应用程序,可通过"开始"→"所有程序",再选择相应的菜单项来执行。

方法二:在"计算机"中找到要执行的应用程序文件,用鼠标双击(或选中之后按回车键,或右键单击程序文件,然后选择"打开")。

方法三:双击应用程序对应的快捷方式图标。

方法四:单击"开始"→"运行",在命令行输入相应的命令后单击"确定"按钮。

3. 启动"资源管理器"的方法

方法一:双击桌面上的"计算机"图标。

方法二:按"Windows+E"组合键。

方法三:右击"开始"按钮,选择"打开 Windows 资源管理器"。

方法四:双击桌面上的"网络"图标。如果在桌面上没有"网络"图标,可以在桌面空白处单击鼠标右键,选择弹出菜单中的"个性化"菜单项,在之后显示的窗口中选择"更改桌面图标"项,此时会显示出"桌面图标设置"对话框,选中该对话框中的"网络"复选框后单击"确定"按钮,即可将"网络"图标添加到桌面上。

4. 多个文件或文件夹的选取

①选择单个文件或文件夹：鼠标单击相应的文件或文件夹图标。

②选择连续多个文件或文件夹：鼠标单击第 1 个要选定的文件或文件夹，然后按住"Shift"键的同时单击最后 1 个，则它们之间的文件或文件夹就都被选中了。

③选择不连续的多个文件或文件夹：按住"Ctrl"键不放，同时鼠标单击其他待选定的文件或文件夹。

5. Windows 窗口的基本操作

(1)窗口的最小化、最大化和关闭。

打开"资源管理器"窗口，单击窗口右上角的"最小化"按钮████，"资源管理器"窗口最小化为任务栏上的一个图标。

打开"资源管理器"窗口，单击窗口右上角的"最大化"按钮█，"资源管理器"窗口最大化占满整个桌面，此时"最大化"按钮变为"还原"按钮█。

打开"资源管理器"窗口，单击窗口右上角的"关闭"按钮████，"资源管理器"窗口被关闭。

(2)排列与切换窗口。

①双击桌面上"计算机"和"回收站"图标，在桌面上同时打开这 2 个窗口。

②右击任务栏空白区域，打开任务栏快捷菜单。

③选择任务栏快捷菜单中的"层叠窗口"命令，可将所有打开的窗口层叠在一起，如图 4-8 所示，单击某个窗口的任意位置，可将该窗口显示在其他窗口之上。

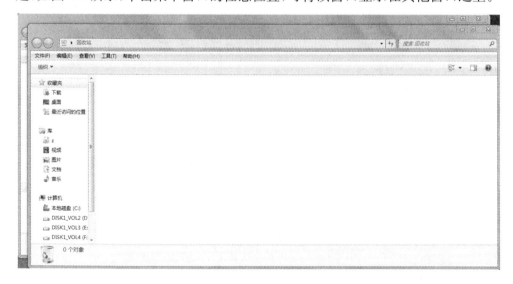

图 4-8　层叠窗口

④单击任务栏快捷菜单上的"堆叠显示窗口"命令，可在屏幕上横向平铺所有打开的窗口，可以同时看到所有窗口中的内容，如图 4-9 所示，用户可以很方便地

在两个窗口之间进行复制和移动文件的操作。

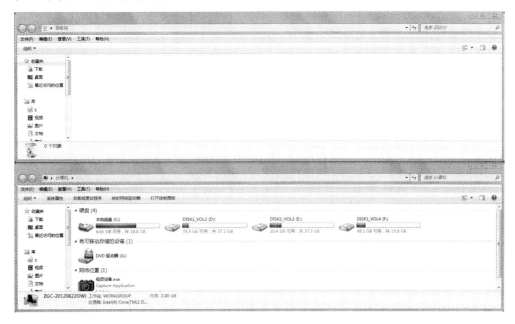

图 4-9 堆叠显示窗口

⑤单击任务栏快捷菜单上的"并排显示窗口"命令，可在屏幕上并排显示所有打开的窗口，如果打开的窗口多于两个，将以多排显示，如图 4-10 所示。

图 4-10 并排显示窗口

⑥切换窗口。按住"Alt"键然后再按下"Tab"键，屏幕会弹出一个任务框，框中排列着当前打开的各窗口的图标，按住"Alt"键的同时每按一次"Tab"键，就会

顺序选中一个窗口图标。选中所需窗口图标后,释放"Alt"键,相应窗口即被激活为当前窗口。

6.库的使用

库是 Windows 7 系统最大的亮点之一,它彻底改变了文件管理方式,从死板的文件夹方式变得更为灵活和方便。库可以集中管理视频、文档、音乐、图片和其他文件。在某些方面,库类似于传统的文件夹,但与文件夹不同的是,库可以收集存储在任意位置的文件。

(1)Windows 7 库的组成。

Windows 7 系统默认包含视频、图片、文档和音乐 4 个库,当然,用户也可以创建新库。要创建新库,先要打开"资源管理器"窗口,然后单击导航窗格中的"库",选择工具栏中的"新建库"按钮后直接输入库名称即可。

在"资源管理器"窗口中,选中一个库后单击鼠标右键,在弹出的快捷菜单中选择"属性"命令,即可在之后显示的对话框的"库位置"区域看到当前所选择的库的默认路径。可以通过该对话框中的"包含文件夹"按钮添加新的文件夹到所选库中。

(2)Windows 7 库的添加、删除和重命名。

①添加指定内容到库中。要将某个文件夹的内容添加到指定库中,只需在目标文件夹上单击鼠标右键,在弹出菜单中选择"包含到库中",之后根据需要在子菜单中选择一个库名即可。通过子菜单中的"创建新库"项可以将所选文件夹内容添加至一个新建的库中,新库的名称与文件夹的名称相同。

②删除与重命名库。要删除或重命名库只需在该库上单击鼠标右键,选择弹出菜单中的"删除"或"重命名"命令即可。删除库不会删除原始文件,只是删除库链接而已。

【实验要求】

按照实验步骤完成实验,观察设置效果后,将各项设置恢复到原来的设置。

任务一　认识 Windows 7

1.启动 Windows 7

①打开外设电源开关,如显示器。

②打开主机电源开关。

③计算机开始进行自检,然后引导 Windows 7 操作系统,若设置登录密码,则引导 Windows 7 后,会出现登录验证界面,单击用户账号出现密码输入框,输入正确的密码后按回车键可正常启动进入 Windows 7 系统;若没有设置登录密码,系统会自动进入 Windows 7 桌面。

2. 重新启动或关闭计算机

单击"开始"按钮,选择"关机"菜单项,就可以直接将计算机关闭。单击该菜单项右侧的箭头按钮图标，则会出现相应的子菜单,其中默认包含 5 个选项。

①切换用户。当存在两个或以上用户的时候可通过此按钮进行多用户的切换操作。

②注销。用来注销当前用户,以备下一个人使用或防止数据被其他人操作。

③锁定。锁定当前用户。锁定后需要重新输入密码认证才能正常使用。

④重新启动。当用户需要重新启动计算机时,应选择"重新启动"。系统将结束当前的所有会话,关闭 Windows,然后自动重新启动系统。

⑤睡眠。当用户短时间内不用计算机又不希望别人以自己的身份使用计算机时,应选择此命令。系统将保持当前的状态并进入低耗电状态。

任务二　自定义 Windows 7

1. 自定义"开始"菜单

请按以下步骤对"开始"菜单进行设置。

①右键单击"开始"按钮,在弹出的快捷菜单中单击"属性"命令,打开"任务栏和「开始」菜单属性"对话框,如图 4-11 所示。

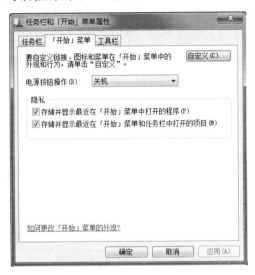

图 4-11　"任务栏和「开始」菜单属性"对话框

②单击"自定义"按钮,打开"自定义「开始」菜单"对话框。

③选中"控制面板"中的"显示为菜单"单选钮,如图 4-12 所示,依次单击"确定"按钮。返回桌面,打开"开始"菜单并观察其变化,特别是"开始"菜单中"控制面板"菜单项的变化。

④再次打开如图 4-12 所示对话框,选中该对话框中滚动条区域底部的"最近使用的项目"复选框。

⑤依次单击"确定"按钮。返回桌面,打开"开始"菜单,会发现在"开始"菜单中新增了一个"最近使用的项目"菜单项。

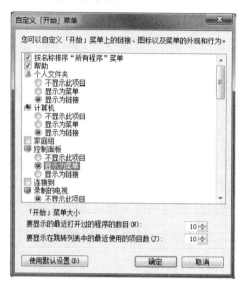

图 4-12 "自定义「开始」菜单"对话框

2.自定义任务栏中的工具栏

请按以下步骤对工具栏进行设置。

①在任务栏空白处单击鼠标右键,弹出快捷菜单。

②把鼠标移到快捷菜单中的"工具栏"菜单项,此时显示出"工具栏"子菜单,如图 4-13 所示。

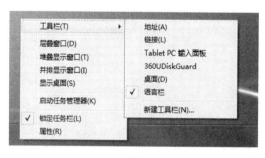

图 4-13 任务栏右键快捷菜单

③选中"工具栏"子菜单中的"地址"项后,观察任务栏的变化。

3.自定义任务栏外观

请按以下步骤对任务栏进行设置。

①在任务栏空白处单击鼠标右键,在弹出的快捷菜单中单击"属性"命令,打开"任务栏和「开始」菜单属性"对话框,如图 4-14 所示。

②在"任务栏外观"区域中,分别有"锁定任务栏""自动隐藏任务栏""使用小

图标"3 个复选框，更改各个复选框的状态后，单击"确定"按钮返回到桌面，观察任务栏的变化。

图 4-14　"任务栏和「开始」菜单属性"对话框"任务栏"选项卡

③通过"任务栏外观"区域下方的"屏幕上的任务栏位置"下拉列表中的选项可以更改任务栏在桌面上的位置，如上、下、左或右；通过"任务栏按钮"下拉列表中的选项可以设置任务栏上所显示的窗口图标是否合并以及何时合并等。

④通过"通知区域"中的"自定义"按钮可以显示或隐藏任务栏中通知区域中的图标和通知。通过"使用 Aero Peek 预览桌面"区域中的复选框可以选择是否使用 Aero Peek 预览桌面。

⑤更改任务栏大小：在任务栏空白处单击鼠标右键，在弹出的快捷菜单中去掉"锁定任务栏"选项前的"√"。当任务栏位于窗口底部时，将鼠标指针指向任务栏的上边缘，当鼠标指针变为双向箭头"↕"时，向上拖动任务栏的上边缘即可改变任务栏的大小。

备注：以上实验内容请同学们自己上机操作，观察结果并细细体会。

任务三　进行文件和文件夹管理

1.改变文件和文件夹的显示方式

在"资源管理器"窗口的资源管理窗格中显示当前选定项目的文件和文件夹的列表，可改变它们的显示方式。请按以下步骤对文件和文件夹的显示方式进行设置。

①在"资源管理器"窗口中单击"查看"菜单，依次选择"超大图标""大图标""列表""详细信息""平铺"等项，观察资源管理窗格中文件和文件夹显示方式的变化。

②单击"查看"菜单中的"分组依据"菜单项,通过之后显示的子菜单项可以将资源管理窗格中的文件和文件夹进行分组,如图 4-15 所示。依次选择该子菜单中的项,观察资源管理窗格中文件和文件夹显示方式的变化。

③单击"查看"菜单中的"排序方式"菜单项,通过之后显示的子菜单项可以将资源管理窗格中的文件和文件夹进行排序显示,如图 4-16 所示。依次选择该子菜单中的项,观察资源管理窗格中文件和文件夹显示方式的变化。

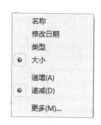

图 4-15 "分组依据"子菜单   图 4-16 "排序方式"子菜单

④单击"工具"菜单中的"文件夹选项",打开"文件夹选项"对话框。改变"浏览文件夹"和"打开项目的方式"中的选项,单击"确定"按钮,之后试着打开不同的文件夹和文件,观察显示方式及打开方式的变化。

⑤仍然打开"文件夹选项"对话框,选择"查看"选项卡,选中"隐藏已知文件类型的扩展名"复选框,如图 4-17 所示,单击"确定"按钮,观察文件显示方式的变化。

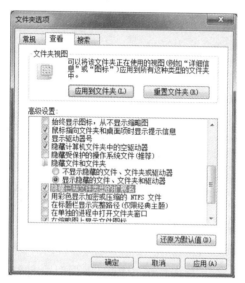

图 4-17 "文件夹选项"对话框"查看"选项卡

2.创建文件夹和文件

在 E 盘创建新文件夹以及为文件夹创建新文件的步骤如下。

①打开"资源管理器"窗口。

②选择创建新文件夹的位置。在导航窗格中单击 E 盘图标,资源管理窗格中显示 E 盘根目录下的所有文件和文件夹。

③创建新文件夹有以下两种方法。

方法一:在资源管理窗格空白处单击鼠标右键,弹出快捷菜单,在快捷菜单中选择"新建"→"文件夹"命令,输入文件夹名称"My Folder1",按回车键完成。

方法二:选择菜单"文件"→"新建"→"文件夹"命令,输入文件夹名称"My Folder1",按回车键完成。

④双击新建好的"My Folder1"文件夹,打开该文件夹窗口,在资源管理窗格空白处单击鼠标右键,弹出快捷菜单,在快捷菜单中选择"新建"→"文本文档"命令,然后输入文件名称"My File1",按回车键完成。

⑤使用同样方法在 E 盘根目录下创建"My Folder2"文件夹,并在"My Folder2"文件夹下创建文本文件"My File2"。

3. 复制、粘贴和移动文件

请按以下步骤练习文件的复制、粘贴和移动等操作。

①打开"资源管理器"窗口。

②找到并进入"My Folder2"文件夹,选中"My File2"文件。

③选择菜单"编辑"→"复制"命令,或按"Ctrl+C"组合键,或单击鼠标右键后在快捷菜单中选择"复制"命令,此时,"My File2"文件被复制到剪贴板。

④进入"My Folder1"文件夹。

⑤选择菜单"编辑"→"粘贴"命令,或按"Ctrl+V"组合键,或单击鼠标右键后在快捷菜单中选择"粘贴"命令,此时,"My File2"文件被复制到目的文件夹"My Folder1"。

移动文件的步骤与复制基本相同,只需将第③步中的"复制"命令改为"剪切"或将"Ctrl+C"组合键改为"Ctrl+X"组合键。

4. 删除和重命名文件

请按以下步骤练习文件的重命名和删除操作。

①打开"资源管理器",找到并进入"My Folder1"文件夹,选中"My File2"文件。

②选择菜单"文件"→"重命名"命令,或单击鼠标右键后在快捷菜单中选择"重命名"命令,输入"My File3"后按回车键结束。

③选择"My File3"文件,单击菜单"文件"→"删除"命令,或直接在键盘上按"Del"/"Delete"键,在弹出的"删除文件"对话框中单击"是"按钮即可删除所选文件。

注意:这种文件删除方法只是把要删除的文件转移到了"回收站",如果需要彻底地删除该文件,可在执行删除操作的同时按下"Shift"键。

④双击桌面上的"回收站"图标,在"回收站"窗口中选中刚才被删除的文件,单击工具栏中的"还原此项目"按钮,该文件即可被还原到原来的位置。

⑤在"回收站"窗口中选择工具栏中的"清空回收站"按钮,对话框确认删除后,回收站中所有的文件均被彻底删除,无法再还原。

文件夹的操作与文件的操作基本相同,只是文件夹在复制、移动、删除的过程中,文件夹中所包含的所有子文件以及子文件夹都将进行相同的操作。

任务四 运行 Windows 7 桌面小工具

1.打开 Windows 7 桌面小工具

单击"开始"→"所有程序"→"桌面小工具库",即可打开桌面小工具库,如图4-18 所示。

图 4-18 Windows 7 桌面小工具库

在窗口中间显示的是系统提供的小工具,每选中一个小工具,窗口下部会显示该工具的相关信息。如果不显示,单击窗口左下角的"显示详细信息"即可。通过窗口右下角的"联机获取更多小工具"可以连接到 Internet 上下载更多的小工具。

2.添加小工具到桌面

如果要将小工具"百度 搜索"添加到桌面,只需在图 4-18 中选中"百度 搜索"后单击鼠标右键,选择弹出菜单中的"添加"即可。添加成功后该小工具显示在桌面右上角,并且通过其右侧的工具条可以对其进行"关闭""较大尺寸/较小尺寸"和"拖动"等操作。

任务五 运行 Windows 7"画图"应用程序

单击"开始"→"所有程序"→"附件"→"画图",即可启动画图程序,如图 4-19 所示。

在"主页"选项卡中显示出的是主要的绘图工具,包含剪贴板、图像、工具、形状、粗细和颜色功能模块。请同学们依次练习绘图工具的使用,注意在画形状时使用形状轮廓以及形状填充工具。

图 4-19　"画图"窗口

任务六　添加和删除输入法

请按以下步骤操作,为系统添加"简体中文全拼"输入法并删除"简体中文郑码"输入法(如果已安装)。

①右键单击任务栏上的语言栏,弹出语言栏快捷菜单,如图 4-20 所示。

②选择"设置"命令,出现"文字服务和输入语言"对话框,如图 4-21 所示。

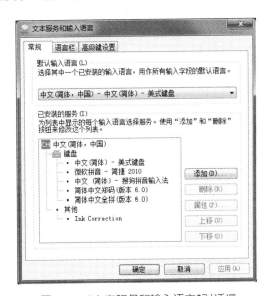

图 4-20　语言栏右键快捷菜单　　　　图 4-21　"文字服务和输入语言"对话框

③单击"添加"按钮,弹出"添加输入语言"对话框,选中列表框中的"简体中文全拼"复选框,依次单击"确定"按钮使设置生效。

④单击任务栏中的语言栏图标,可看到新添加的"简体中文全拼"输入法。

⑤再次打开图 4-21 所示的"文字服务和输入语言"对话框,选择"已安装的服务"中的"简体中文郑码",单击"删除"按钮即可将该输入法删除。

任务七　更改系统日期、时间及时区

请按以下步骤操作,将系统日期设为"2010 年 6 月 30 日",系统时间设为"10:20:30",时区设为"吉隆坡,新加坡"。

①右键单击任务栏最右侧的时间,选择弹出菜单中的"调整日期/时间"项,弹出"日期和时间"对话框。

②单击"更改日期和时间"按钮,弹出"日期和时间设置"对话框,依次更改年份为"2010",月份为"六月",日期为"30",时间为"10:20:30",依次单击"确定"按钮关闭对话框。

③观察任务栏右侧的显示时间,发现时间已经发生改变。

④再次打开"日期和时间"对话框,单击"更改时区"按钮,弹出"时区设置"对话框,在"时区"下拉列表中选择"(UTC+08:00)吉隆坡,新加坡",依次单击"确定"按钮使设置生效。

【思考与练习】

(1)不通过"回收站",能否直接删除硬盘上的文件?

(2)启动资源管理器的方法有哪些?

(3)在 Windows 窗口中,图标有哪些不同的排列方式,它们之间有什么区别?

实 验 4.2　Windows 7 的 高 级 操 作

【实验目的】

(1)掌握控制面板的使用方法。

(2)掌握 Windows 7 中外观和个性化设置的基本方法。

(3)掌握用户账户管理的基本方法。

(4)掌握打印机的安装及设置方法。

(5)掌握通过对磁盘进行清理和碎片整理来优化和维护系统的方法。

【相关知识】

1.控制面板

控制面板(Control Panel)集中了用来配置系统的全部应用程序,它允许用户查看并进行计算机系统软硬件的设置和控制,因此,对系统环境进行调整和设置的时候,一般都要通过"控制面板"进行。例如,添加硬件、添加/删除软件、控制用户账户、外观和个性化设置等。Windows 7 提供了"分类视图"和"图标视图"两种控制面板界面,其中,"图标视图"有两种显示方式:大图标和小图标。"分类视图"允许打开父项并对各个子项进行设置,如图 4-22 所示。在"图标视图"中能够更直观地看到计算机可以采用的各种设置,如图 4-23 所示。

图 4-22　控制面板"分类视图"界面

图 4-23   控制面板"图标视图"界面

2. 账户管理

Windows 7 支持多用户管理,多个用户可以共享一台计算机,并且可以为每一个用户创建一个用户账户以及为每个用户配置独立的用户文件,从而使得每个用户登录计算机时,都可以进行个性化的环境设置。在控制面板中,单击"用户账户和家庭安全",打开相应的窗口,可以实现用户账户、家长控制等管理功能。在"用户账户"中,可以更改当前账户的密码和图片、管理其他账户,也可以添加或删除用户账户。在"家长控制"中,可以为指定标准类型账户实施家长控制,主要包括时间控制、游戏控制和程序控制。在使用该功能时,必须为计算机管理员账户设置密码保护,否则一切设置将形同虚设。

3. 磁盘管理

磁盘管理是一项计算机使用时的常规任务,它以一组磁盘管理应用程序的形式提供给用户,包括查错程序、磁盘碎片整理程序、磁盘清理程序等。在 Windows 7 中没有提供一个单独的应用程序来管理磁盘,而是将磁盘管理集成到"计算机管理"中。通过单击桌面的"计算机"图标,在弹出的快捷菜单中单击"管理"即可打开"计算机管理"窗口,选择"存储"中的"磁盘管理",将打开"磁盘管理"功能。利用磁盘管理工具可以一目了然地列出所有磁盘情况,并对各个磁盘分区进行管理操作。

【实验范例】

1. 设置控制面板视图方式

在 Windows 7 中控制面板的图标可以以分类视图和图标视图两种方式查看。单击"开始"按钮，在"开始"菜单中选择"控制面板"，打开"控制面板"窗口。通过窗口"查看方式"旁边的下拉列表选项可以在类别视图、大图标视图和小图标视图之间进行切换。

2. 外观和个性化设置（以分类视图为例）

请按以下步骤对 Windows 系统进行外观及个性化设置。

①在"控制面板"窗口中单击"外观和个性化"，显示"外观和个性化"设置窗口。

②单击"个性化"中的"更改主题"，在之后显示的主题列表中选择不同的主题后观察桌面以及窗口等的变化。

③单击"个性化"中的"更改桌面背景"，在之后显示的图片列表中选择一张图片，并在"图片位置"下拉列表中选择"居中"后单击"保存修改"按钮，观察桌面的变化。

④单击"个性化"中的"更改屏幕保护程序"，弹出"屏幕保护程序设置"对话框，如图 4-24 所示。选择"屏幕保护程序"区域下拉列表中的"三维文字"后，单击"设置"按钮，弹出"三维文字设置"对话框，如图 4-25 所示。在"自定义文字"栏输入"欢迎使用 Windows 7"，设置旋转类型为"摇摆式"，单击"确定"按钮返回到"屏幕保护程序设置"对话框时即可在预览区看到屏保效果，若要全屏预览，则单击

图 4-24　"屏幕保护程序设置"对话框

"预览"按钮。若要保存此设置,则单击"确定"按钮。

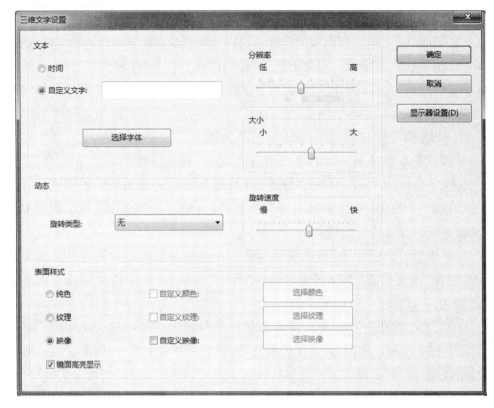

图 4-25 "三维文字设置"对话框

【实验要求】

按照实验步骤完成实验,观察设置效果后,将设置恢复到原来的设置。

任务一 设置个性化的 Windows 7 外观

1. 更改桌面背景(图片任意),并以拉伸方式显示

在桌面空白处单击鼠标右键,在弹出的快捷菜单中选择"个性化"命令,打开"个性化"设置窗口,选择窗口下方的"桌面背景"图标,显示如图 4-26 所示的"桌面背景"设置窗口。直接在图片下拉框中选取一张图片并在"图片位置"下拉列表中选择"拉伸",单击"保存修改"按钮即可。

如果要将多张图片设为桌面背景,在图 4-26 所示窗口中按下"Ctrl"键,再依次选取多个图片文件,在"图片位置"下拉列表中选择"拉伸",并在"更改图片时间间隔"下拉列表中选择更改间隔,如果希望多张图片无序播放,选中"无序播放"复选框,单击"保存修改"按钮使设置生效,返回到桌面观察效果。

图 4-26　"桌面背景"设置窗口

2.更改窗口边框、"开始"菜单和任务栏的颜色为深红色，并启用透明效果

①在"控制面板"中单击"外观和个性化"，显示"外观和个性化"设置窗口。

②单击"个性化"中的"更改半透明窗口颜色"，在之后显示的颜色图标中单击"深红色"并选中"启用透明效果"复选框。

③单击"保存修改"按钮后观察窗口边框、"开始"菜单以及任务栏的变化。

3.设置活动窗口标题栏的颜色为黑、白双色，字体为华文新魏，字号为12，颜色为红色

①在"控制面板"中单击"外观和个性化"，显示"外观和个性化"设置窗口。

②单击"个性化"中的"更改半透明窗口颜色"，在之后显示的窗口中单击"高级外观设置"，弹出"窗口颜色和外观"对话框，如图 4-27 所示。

③在"项目"下拉列表中选择"活动窗口标题栏"，"颜色 1"选择"黑色"，"颜色 2"选择"白色"。

④在"字体"下拉列表中选择"华文新魏"，在"大小"下拉列表选择"12"。

⑤单击"确定"按钮后观察活动窗口的变化。

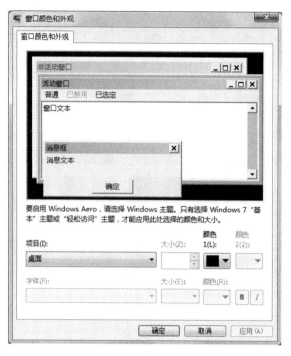

图 4-27 "窗口颜色和外观"对话框

任务二 设置显示鼠标指针的轨迹并设为最长

①在"控制面板"中单击"硬件和声音",显示"硬件和声音"设置窗口。

②单击"设备和打印机"中的"鼠标",打开"鼠标 属性"对话框,单击"指针选项"选项卡,在"可见性"区域中,选中"显示指针轨迹"复选框并拖动滑块至最右边,如图 4-28 所示。

③单击"确定"按钮。

图 4-28 "鼠标 属性"对话框

任务三　添加新用户"user1"，密码设置为"123456789"
（只有系统管理员才有用户账户管理的权限）

①在"控制面板"中单击"用户账户和家庭安全"中的"添加或删除用户账户"，显示"管理账户"窗口。

②单击"创建一个新账户"，在之后显示的窗口中输入新账户的名称"user1"，使用系统推荐的账户类型，即标准账户，如图 4-29 所示。

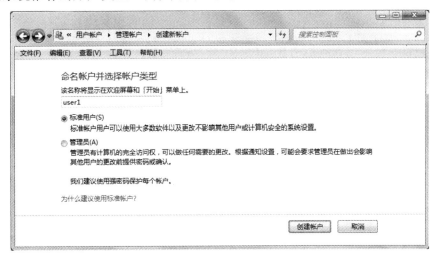

图 4-29　"创建新账户"窗口

③单击"创建账户"按钮后返回到"管理账户"窗口。

④单击账户列表中的新建账户"user1"，在之后显示的窗口中单击"创建密码"，显示"创建密码"窗口，如图 4-30 所示。

图 4-30　"创建密码"窗口

⑤分别在"新密码"和"确认新密码"框中输入"123456789",单击"创建密码"按钮。

设置完成后,打开"开始"菜单,将鼠标移动到"关机"菜单项旁的箭头按钮上,单击选择弹出菜单中的"切换用户",则显示系统登录界面,此时已可以看到新增加的账户"user1",单击选择该账户后输入密码就可以以新的用户身份登录系统。

在"管理账户"窗口选择一个账户后,还可以使用"更改账户名称""更改密码""更改图片""更改账户类型"及"删除账户"等功能对所选账户进行管理。

任务四　打印机的安装及设置

1.安装打印机

安装打印机,首先将打印机的数据线连接到计算机的相应端口上,接通电源打开打印机,然后打开"开始"菜单,选择"设备和打印机",打开"设备和打印机"窗口。也可以通过"控制面板"中"硬件和声音"中的"查看设备和打印机"进入。在"设备和打印机"窗口中单击工具栏中的"添加打印机"按钮,显示如图 4-31 所示的"添加打印机"对话框。选择要安装的打印机类型(本地打印机或网络打印机),在此选择"添加本地打印机",之后要依次选择打印机使用的端口、打印机厂商和打印机类型,确定打印机名称并安装打印机驱动程序,最后根据需要选择是否共享打印机即可完成打印机的安装。安装完毕后,"设备和打印机"窗口中会出现相应的打印机图标。

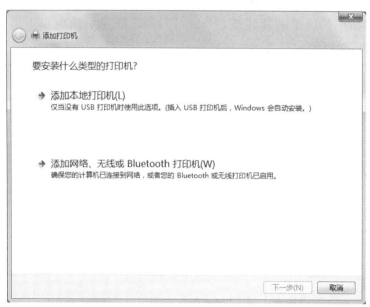

图 4-31　"添加打印机"对话框

2.设置默认打印机

如果安装了多台打印机,在执行具体打印任务时可以选择打印机或将某台打印机设置为默认打印机。要设置默认打印机,先打开"设备和打印机"窗口,在某个打印机图标上单击鼠标右键,在弹出的快捷菜单中单击"设置为默认打印机"即可。默认打印机的图标左下角有一个"√"标识。

3.取消文档打印

在打印过程中,用户可以取消正在打印或打印队列中的打印作业。鼠标双击任务栏中的打印机图标,打开打印队列,右键单击要停止打印的文档,在弹出的菜单中选择"取消"。若要取消所有文档的打印,选择"打印机"菜单中的"取消所有文档"即可。

任务五　使用系统工具维护系统

计算机在被使用一段时间后,其磁盘上会积累许多文件碎片和临时文件,这会致使程序运行和打开文件的速度变慢,因此可以定期使用"磁盘清理"删除临时文件,释放硬盘空间。使用"磁盘碎片整理程序"整理文件存储位置,合并可用空间,可提高系统性能。

1.磁盘清理

①单击"开始"→"所有程序"→"附件"→"系统工具",选择"磁盘清理"命令,打开"磁盘清理:驱动器选择"对话框。

②选择要进行清理的驱动器,在此使用默认选择"(C:)"。

③单击"确定"按钮,会显示一个带进度条的计算 C 盘上释放空间数的对话框,如图 4-32 所示。

④计算完毕则会弹出"(C:)的磁盘清理"对话框,如图 4-33 所示,其中显示系统清理出建议删除的文件及其所占磁盘空间的大小。

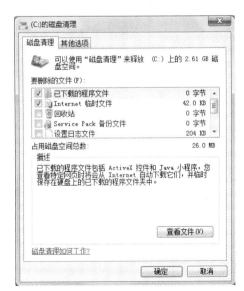

图 4-32　"磁盘清理"计算释放空间进度显示对话框　　图 4-33　"(C:)的磁盘清理"对话框

⑤在"要删除的文件"列表框中选中要删除的文件,单击"确定"按钮,在之后弹出的"磁盘清理"确认删除对话框中单击"删除文件"按钮,弹出"磁盘清理"对话框,清理完毕后该对话框自动消失。

依次对 C、D、E 各磁盘进行清理,注意观察并记录清理磁盘时获得的空间总数。

2. 磁盘碎片整理程序

进行磁盘碎片整理之前,应先把所有打开的应用程序都关闭,因为一些程序在运行的过程中可能要反复读取磁盘数据,会影响磁盘整理程序的正常工作。

①单击"开始"→"所有程序"→"附件"→"系统工具",选择"磁盘碎片整理程序"命令,打开"磁盘碎片整理程序"对话框。

②选择磁盘驱动器后单击"分析磁盘"按钮,进行磁盘分析。

③分析完后,可以根据分析结果选择是否进行磁盘碎片整理。如果在"上一次运行时间"列中显示检查磁盘碎片的百分比超过了 10%,则应该进行磁盘碎片整理,只需单击"磁盘碎片整理"按钮即可。

任务六 打开和关闭 Windows 功能

Windows 7 附带的某些程序和功能(如 Internet 信息服务),必须在使用之前将其打开,不再使用时则可以将其关闭。在 Windows 的早期版本中,若要关闭某个功能,必须从计算机上将其完全卸载。在 Windows 7 中,关闭某个功能不会将其卸载,仍会保留存储在硬盘上,以便需要时可以直接将其打开。

①单击"开始"→"控制面板",打开"控制面板"窗口。

②选择"程序",在之后显示的窗口中单击"程序和功能"中的"打开或关闭 Windows 功能",显示如图 4-34 所示的"Windows 功能"对话框。

图 4-34 "Windows 功能"对话框

③若要打开某个 Windows 功能,则选中该功能对应的复选框;若要关闭某个 Windows 功能,则清除其所对应的复选框。

④单击"确定"按钮。

【思考与练习】

(1)控制面板有哪些功能,你能列举出几种?

(2)怎么安装打印机?

(3)在卸载软件的过程中,系统做了哪些事情?

文字处理

实验 5.1 建立并编辑文档

【实验目的】

(1)了解 Word 主窗口的基本组成及操作方法。

(2)掌握创建、保存及修改 Word 文档的基本操作过程和方法。

(3)掌握设置文本及段落格式的基本方法。

【实验要求】

(1)认真学习教材第 5 章的内容,掌握建立 Word 文档的基本方法。

(2)检查并确认所使用的计算机已经安装了 Microsoft Office 2010,在 D 盘建立文件夹"MyDoc"。

(3)在开始操作之前,了解字体及段落设置的主要内容,并熟练掌握一种汉字输入法。

【实验内容】

(1)启动 Word 2010,观察 Word 2010 主窗口的组成。

(2)新建一个 Word 文档,以"My_1. docx"为名保存。

(3)在"My_1. docx"文档中录入如下所示的文本并进行修改,以保证录入文本的正确性,并进一步练习字体及段落设置的方法。

实例范文:

Windows 操作系统

从 1983 年到 1998 年,美国 Microsoft 公司陆续推出了 Windows 1. 0、Windows 2. 0、Windows 3. 0、Windows 3. 1、Windows NT、Windows 95、Windows 98 等系列操作系统。Windows 98 以前版本的操作系统都由于存在某些缺点而很快被淘汰。而 Windows 98 提供了更强大的多媒体和网络通信功能,以及更加安全可靠的系统保护措施和控制机制,从而使 Windows 98 系统的功能趋于完善。1998 年 8 月,Microsoft 公司推出了 Windows 98 中文版,这个版本当时应用非常广泛。

2000 年,Microsoft 公司推出了 Windows 2000 的英文版。Windows 2000 也就是改名后的 Windows NT5,Windows 2000 具有许多意义深远的新特性。同年,又发行了 Windows Me 操作系统。

2001 年，Microsoft 公司推出了 Windows XP。Windows XP 整合了 Windows 2000 的强大功能特性，并植入了新的网络单元和安全技术，具有界面时尚、使用便捷、集成度高、安全性好等优点。

2005 年，Microsoft 公司又在 Windows XP 的基础上推出了 Windows Vista。Windows Vista 仍然保留了 Windows XP 整体优良的特性，通过进一步完善，在安全性、可靠性及互动体验等方面更为突出和完善。

Windows 7 第一次在操作系统中引入 Life Immersion 概念，即在系统中集成许多人性因素，一切以人为本，同时沿用了 Vista 的 Aero（Authentic 真实，Energetic 动感，Reflective 反射性，Open 开阔）界面，提供了高质量的视觉感受，使得桌面更加流畅、稳定。为了满足不同定位用户群体的需要，Windows 7 提供了 5 个不同版本：家庭普通版（Home Basic 版）、家庭高级版（Home Premium 版）、商用版（Business 版）、企业版（Enterprise 版）和旗舰版（Ultimate 版）。2009 年 10 月 22 日 Microsoft 公司于美国正式发布 Windows 7 作为微软新的操作系统。

【实验过程】

文档编辑的主要任务包括文本的录入、字体及段落格式的设置等。其中字体格式涉及文字的大小、字体、字形、颜色及间距等；段落格式涉及首行缩进、段落缩进、段前与段后间距、行间距等。本实验的主要操作过程如下。

1. 启动 Word 2010

①选择"开始"→"程序"→"Microsoft Office 2010"→"Microsoft Office Word 2010"命令，即可启动 Word 2010。

②启动后，在 Word 主窗口中自动建立一个名为"文档 1"的文档。

说明：如果桌面上建立了 Word 的快捷方式，直接双击即可启动 Word 2010。

2. 观察 Word 主界面的组成

本实验的目的是让读者熟悉基本的 Word 操作界面，请读者参阅教材相关内容，同时结合 Word 的具体界面，了解菜单、工具按钮、编辑区及状态区的功能。

3. 录入文本并检查其正确性

①检查状态栏，确认"改写"处于灰色状态（编辑区域处于"插入"状态）。

②录入实例范文，在一行结束处由系统自动换行，在一个自然段结束时按回车键。

③录入完成后，检查录入文本的正确性。如果有多余的字符，选中后删除。如果漏了字符，定位好光标后直接插入。如果有错误字符，按 Delete 键或 BackSpace 键，分别删除光标后一个或前一个字符，再输入正确的字符。

说明：录入时是否将编辑区设置为插入状态取决于个人爱好，插入、删除及修改字符有多种不同的操作方式，请读者自行练习。

4. 保存文档并退出 Word

①单击快速访问工具栏上的"保存"按钮或者选择"文件"→"保存"命令,屏幕显示"另存为"对话框。

②指定文档保存位置为 D 盘"MyDoc",文件名为"My_1",单击"保存"按钮。

③选择"文件"→"退出"选项。

5. 设置文字格式

①启动 Word,选择"文件"→"打开"命令,显示"打开"对话框。

②在"打开"对话框中,打开"D:\MyDoc\My_1.docx"文档。

③选中标题,选择"开始"选项卡→功能区"字体"功能区右下角命令按钮,在随后显示的"字体"对话框中将标题设置为黑体、三号,字间距为加宽、3磅。

④选中正文文字,通过"字体"功能区的按钮,将正文文字设置为宋体、小四。

6. 设置段落格式

①选中正文第 1 个自然段,选择"开始"→"段落"功能区右下角命令按钮,屏幕显示如图 5-1 所示的"段落"对话框。

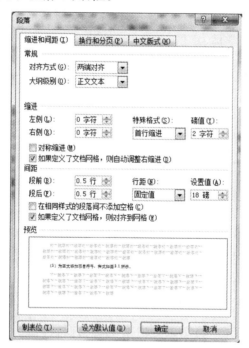

图 5-1 "段落"对话框

②将"首行缩进"设置为 2 个字符,段前及段后间距均设为 0.5 行,行距为固定值 18 磅。

③将正文第 2 段设置成斜体,左对齐,段前和段后各 1 行间距。

④将正文第 4 段加波浪线;左右各缩进 2 个字符,首行缩进 2 个字符,1.5 倍行距。

7. 文字的查找和替换

以刚建立的"D:\MyDoc\My_1.docx"为例,完成以下操作。

(1)查找指定文字"操作系统"。

操作步骤如下:

①打开文档,并将光标定位到文档首部。

②单击"开始"选项卡"编辑"组中"查找"按钮下拉框中的"高级查找"选项,出现如图 5-2 所示"查找和替换"对话框。

图 5-2　"查找和替换"对话框

③在对话框的"查找内容"栏内输入"操作系统"。

④单击"查找下一处"按钮,将定位到文档中匹配该关键字的位置,并且匹配文字以蓝底黑字显示,表明在文档中找到一个"操作系统"。

⑤连续单击"查找下一处"按钮,则相继定位到文档中的其余匹配项,直至出现一个提示已完成文档搜索的对话框,就表明所有的"操作系统"都找出来了。

⑥单击"取消"按钮则关闭"查找和替换"对话框,返回到 Word 窗口。

(2)将文档中的"Windows"替换为"WINDOWS"。

操作步骤如下:

①打开"D:\MyDoc\My_1.docx"文档,并将光标定位到文档首部。

②单击"开始"选项卡"编辑"组中的"替换"按钮,出现"查找和替换"对话框。

③切换到"替换"选项卡。

④在"查找内容"栏内输入"Windows",在"替换为"栏内输入"WINDOWS"。

⑤单击"全部替换"按钮,屏幕上出现一个对话框,报告已完成所有替换。

⑥单击对话框的"确定"按钮关闭该对话框并返回到"查找和替换"对话框。

⑦单击"关闭"按钮关闭"查找和替换"对话框,返回到 Word 窗口,这时所有的"Windows"都替换成了"WINDOWS"。

【思考与练习】

(1)在录入文本时,使用软回车与硬回车有什么区别? 分别在什么情况下使用?

(2)如果在录入文本时,遇到键盘上没有的符号,应该如何输入? 请写出基本的操作过程及所用的菜单命令。

(3)段落格式中的首行缩进、左缩进、右缩进与悬挂缩进的功能分别是什么?请用一个事例说明。

实 验 5.2　设 置 页 面 格 式 并 输 出 文 档

【实验目的】

(1)掌握首字下沉及分栏的设置方法。

(2)根据需要正确地设置项目符号与编号。

(3)掌握页面设置的基本方法与内容,能够根据实际的纸张大小及版面需求设置恰当的页面格式。在文档中添加合适的页眉和页脚。

【实验要求】

(1)认真学习教材第 5 章的相关内容,了解设置页面格式及输出文档的主要操作过程。

(2)预习实验过程,了解本次实验的主要任务。

(3)准备一台电脑,内装有 Windows 7 及 Office 2010 等软件。

【实验内容】

(1)在文档中设置首字下沉、分栏及项目符号与编号等。

(2)设置页边距、纸张大小、纸张来源及版面等页面格式。

(3)在文档中插入页码、页眉和页脚并设置格式。

(4)预览文档输出效果,并根据预览结果对文档的页面、段落及文字格式进行调整。最终的显示结果如图 5-3 所示。

Windows 操作系统

Windows 操作系统

1983 年到 1998 年,美国 Microsoft 公司陆续推出了 Windows 1.0、Windows 2.0、Windows 3.0、Windows 3.1、Windows NT、Windows 95、Windows 98 等系列操作系统。Windows 98 以前版本的操作系统都由于存在某些缺点而很快被淘汰。而 Windows 98 提供了更强大的多媒体和网络通信功能,以及更加安全可靠的系统保护措施和控制机制,从而使 Windows 98 系统的功能趋于完善。1998 年 8 月,Microsoft 公司推出了 Windows 98 中文版,这个版本当时应用非常广泛。

2000 年,Microsoft 公司推出了 Windows 2000 的英文版。Windows 2000 也就是改名后的 Windows NT5,Windows 2000 具有许多意义深远的新特性。同年,又发行了 Windows Me 操作系统。

2001 年,Microsoft 公司推出了 Windows XP。Windows XP 整合了 Windows 2000 的强大功能特性,并植入了新的网络单元和安全技术,具有界面时尚、使用便捷、集成度高、安全性好等优点。

2005 年,Microsoft 公司又在 Windows XP 的基础上推出了 Windows Vista。Windows Vista 仍然保留了 Windows XP 整体优良的特性,通过进一步完善,在安全性、可靠性及互动体验等方面更为突出和完善。

Windows 7 第一次在操作系统中引入 Life Immersion 概念,即在系统中集成许多人性因素,一切以人为本,同时沿用了 Vista 的 Aero(Authentic 真实,Energetic 动感,Reflective 反射性,Open 开阔)界面,提供了高质量的视觉感受,使得桌面更加流畅、稳定。为了满足不同定位用户群体的需要,Windows 7 提供了 5 个不同版本:家庭普通版(Home Basic 版)、家庭高级版(Home Premium 版)、商用版(Business 版)、企业版(Enterprise 版)和旗舰版(Ultimate 版)。2009 年 10 月 22 日 Microsoft 公司于美国正式发布 Windows 7 作为微软新的操作系统。

图 5-3　排版后的"My_1.doc"文档

【实验过程】

1. 打开"My_1.docx"文档，设置字体及段落格式

①打开文档。

②选中第1自然段，将正文字符格式设置为"五号""宋体"。段落格式中的行距设置为固定值、16磅，其他不变。

③用格式刷将第1自然段的字体及段落格式复制到其他自然段。将第一自然段的首行缩进设置为"0字符"。

2. 设置首字下沉

①选中第1自然段。

②选择"插入"选项卡→"文本"功能区→"首字下沉"选项命令，屏幕显示"首字下沉"对话框，如图5-4所示。

③选择"位置"中的"下沉"，将字体设置为"华文琥珀"，下沉行数为"4行"，距正文"1厘米"。单击"确定"按钮。

图5-4 "首字下沉"对话框

3. 设置分栏

①选中第二自然段的所有文本，或者将插入点放在第二自然段的开始处。

②选择"页面布局"选项卡→"页面设置"功能区→"分栏"→"更多分栏"命令，屏幕显示如图5-5所示"分栏"对话框。

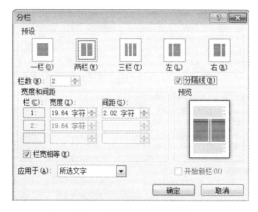

图5-5 "分栏"对话框

③将"栏数"设置为 2,宽度和间距使用默认值,选中"分隔线",单击"确定"按钮。

4.设置页眉并插入页码

①选择"插入"→"页眉和页脚"功能区→"页眉",将页眉设置为"Windows 操作系统",居中。

②选择"插入"→"页眉和页脚"功能区→"页码",位置为"页面底端",居中。

5.页面设置

①选择"页面布局"→"页面设置",单击右下角的按钮,屏幕显示如图 5-6 所示的"页面设置"对话框。

②在"页边距"选项卡中,将上、下页边距设置为 2.5 cm,左、右页边距设置为 3.5 cm,方向为纵向;在"纸张"选项卡中,将纸张大小设置为 A4。

③在"文档网格"选项卡中设置每行字符数及每页的行数。

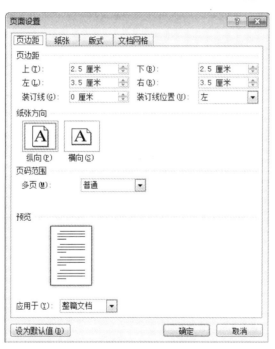

图 5-6 "页面设置"对话框

6.预览并打印输出

①选择"文件"→"打印"命令,屏幕显示模拟的打印效果。

②如果对页边距等格式不满意,可以直接调整。

③选择"文件"→"打印"命令,在显示的"打印"对话框中设置打印选项,包括打印机名称、页面范围、打印内容及副本数等,单击"确定"按钮。最后保存退出。

【思考与练习】

(1)在什么情况下需要项目符号与编号？Word 提供了哪些项目符号与编号？如果对 Word 提供的项目符号与编号不满意，有什么办法？

(2)如果不使用格式刷,怎样将一个自然段的格式复制到其他的自然段中？或者进一步地,如果整个文档的格式包含相对统一的几种格式,如一级标题、二级标题、正文等,可以通过 Word 的什么功能实现？

(3)如果要实现传统的汉字排版方式,例如,竖排汉字字符,可以使用 Word 的哪些功能？请将示例文档中的标题及所有正文均设置成传统的竖排方式。

实验 5.3　在文档中插入图片及表格

【实验目的】

（1）掌握在 Word 文档中插入图片、文本框、公式等组件的一般方法与操作过程。

（2）掌握创建表格的基本方法，并能够根据实际情况对表格中的数据进行处理。

（3）能够根据需要美化 Word 文档。

【实验要求】

（1）预习教材相关内容，了解图形、图片、文本框、艺术字和公式编辑器等相关知识。

（2）确保系统中的 Office 软件已经安装了公式编辑器。

（3）在"D:\MyDoc"文件夹中存放 1 张图片，图片名为"Windows 7.jpg"。

【实验内容】

（1）在文档中插入图片、艺术字、文本框等组件。

（2）在文档中插入数学公式。

（3）在文档中创建表格，并对其进行各种操作，包括插入行、列和单元格，合并和拆分表格及单元格，为表格加边框和底纹，在表格中进行计算和排序等。

【实验过程】

1. 插入图片

①打开"My_1.docx"文档。

②将插入点定位到文档最后，选择"插入"→"图片"命令，在"插入图片"对话框中选择"D:\MyDoc\Windows 7.jpg"，单击"确定"按钮。

③点击图片，选择"图片工具/格式"→"大小"，将图片的高度设置为"4 厘米"，宽度设置为"6.4 厘米"。

④选择"位置"→"其他布局选项"→"文字环绕"命令，打开如图 5-6 所示对话框，在"文字环绕"选项卡中设置版式为"四周型"，并将距正文的上、下边距设置为"0.2 厘米"，左右边距均设置为"0.3 厘米"。

图 5-6 "布局"对话框

拖动图片至图 5-7 所示的位置。

Windows 操作系统

　　从 1983 年到 1998 年,美国 Microsoft 公司陆续推出了 Windows 1.0、Windows 2.0、Windows 3.0、Windows 3.1、Windows NT、Windows 95、Windows 98 等系列操作系统。Windows 98 以前版本的操作系统都由于存在某些缺点而很快被淘汰。而 Windows 98 提供了更强大的多媒体和网络通信功能,以及更加安全可靠的系统保护措施和控制机制,从而使 Windows 98 系统的功能趋于完善。1998 年 8 月,Microsoft 公司推出了 Windows 98 中文版,这个版本当时应用非常广泛。

　　2000 年,Microsoft 公司推出了 Windows 2000 的英文版。Windows 2000 也就是改名后的 Windows NT5,Windows 2000 具有许多意义深远的新特性。同年,又发行了 Windows Me 操作系统。

　　2001 年,Microsoft 公司推出了 Windows XP。Windows XP 整合了 Windows 2000 的强大功能特性,并植入了新的网络单元和安全技术,具有界面时尚、使用便捷、集成度高、安全性好等优点。

　　2005 年,Microsoft 公司又在 Windows XP 的基础上推出了 Windows Vista。Windows Vista 仍然保留了 Windows XP 整体优良的特性,通过进一步完善,在安全性、可靠性及互动体验等方面更为突出和完善。

　　Windows 7 第一次在操作系统中引入 Life Immersion 概念,即在系统中集成许多人性因素,一切以人为本,同时沿用了 Vista 的 Aero(Authentic 真实、Energetic 动感、Reflective 反射性、Open 开阔)界面,提供了高质量的视觉感受,使得桌面更加流畅、稳定。为了满足不同定位用户群体的需要,Windows 7 提供了 5 个不同版本:家庭普通版(Home Basic 版)、家庭高级版(Home Premium 版)、商用版(Business 版)、企业版(Enterprise 版)和旗舰版(Ultimate 版)。2009 年 10 月 22 日 Microsoft 公司于美国正式发布 Windows 7 作为微软新的操作系统。

图 5-7 插入图片后的文档

2. 插入或者设置艺术字

　　①选中文档标题"Windows 操作系统",选择"插入"→"艺术字"→"艺术字样式 3"按钮,会打开如图 5-8 所示的"编辑艺术字文字"对话框。

图 5-8　"编辑艺术字文字"对话框

②将字体设置为"华文彩云"、字号设置为"36"、加粗、倾斜,单击"确定"按钮。如图 5-9 所示为设置后的效果。

图 5-9　艺术字效果

3. 在文档中插入公式

①将插入点定位于要插入公式的位置。

②选择"插入"→"符号",在面板中选择"公式"→"插入新公式"命令,同时显示"公式"工具栏,利用它们进行公式编辑。

4. 插入表格

①选择"插入"→"表格"→"插入表格"命令,在随后显示的"插入表格"对话框中,分别将行列数设置为"6"和"3"。

②按表 5-1 所示输入文字,并将单元格中文字设置为黑体、加粗、小四号、居中。

③调整表中行的高度或列的宽度。以列为例,将鼠标指针移到表格中的某一单元格,把鼠标指针停留到表格的列分界线上,使之变为"←‖→"形状,这样就可按下鼠标左键不放,左右拖动,使之达到适当位置。行的操作类似,请试着操作并观察结果。

④画表格中的斜线。将光标定位在表格首行的第一个单元格中,单击功能区的"设计"选项卡,在"表格样式"组的"边框"按钮下拉框中选择"斜下框线"选项,即可在单元格中出现一条斜线,输入内容后调整对齐方式即可。

表 5-1　分公司销售额表

	香港分公司	北京分公司
一季度销售额	435	543
二季度销售额	567	654
三季度销售额	675	789
四季度销售额	765	765
合　　计		

5. 表格的修饰美化

(1)修改单元格中文字的对齐方式。

如果要将表格第一列文字设置为居中左对齐(不包括表头),先要选中表格第一列中除表头以外的所有单元格,单击功能区的"布局"选项卡,选择"对齐方式"组中的"中部两端对齐"按钮即可。请同学们自己将表格后两列文字设置为右对齐。

(2)修改表格边框。

分析:在 Word 文档中,可为表格、段落的四周或任意一边添加边框,也可为文档页面四周或任意一边添加各种边框,包括图片边框,还可为图形对象(包括文本框、自选图形、图片或导入图形)添加边框或框线。在默认情况下,所有的表格边框都为 1/2 磅的黑色单实线。

如要修改表格中的所有边框,单击表格中任意位置,如要修改指定单元格的边框,则需选中这些单元格。之后切换到"设计"选项卡,单击"表格样式"组中的"边框"按钮下拉框中的"边框和底纹"项。在弹出的"边框和底纹"对话框中,选择所需的适当选项,并确认"应用于"下的范围选择为"表格"选项后,单击"确定"按钮,就修改了表格的边框。

(3)对表格第一列加底纹。

选中表格的第一列并切换到"设计"选项卡,单击"表格样式"组中的"底纹"按钮,在弹出的下拉框中选择所需颜色即可。

6. 在表格中计算

将光标定位到"合计"行所在的单元格内,选择"表格工具"→"布局"→"数据"→"公式"命令,在"公式"栏中选择"=SUM(ABOVE)",单击"确定"按钮。

7. 表格排序

①将光标移动到表格中的某一单元格内,选择"表格工具"→"布局"→"排序"命令,此时 Word 自动选中整个表格,并打开"排序"对话框。

②在对话框中选择排序依据、类型及排序方式。

【思考与练习】

(1)在什么情况下需要在表格中插入行或列？如何合并和拆分表格？如何合并和拆分单元格？

(2)在文档中输入下面的公式：

$$\int_{-\infty}^{+\infty} e^{-j\omega t}\delta(t)dt - \int_{-\infty}^{+\infty} e^{-j\omega t}\delta(t-t_0)dt = 1 - e^{-j\omega t_0}$$

制作电子表格

实验 6.1　Excel 的基本操作

【实验目的】

(1)熟悉 Excel 的启动、退出及其窗口的组成。

(2)理解 Excel 中的相关概念,如工作簿、工作表、单元格区域及活动单元格。

(3)熟练掌握工作表中插入、删除行及工作表的复制、移动、重命名、填充等操作。

(4)练掌握 Excel 中的格式化操作(包括行高列宽的设置、字体格式化、边框底纹的设置等)。

【实验要求】

(1)理解 Excel 的基本功能。

(2)掌握工作簿、工作表、单元格、单元格区域等概念。

(3)在操作过程中,注意观察所使用的操作命令,并注意记忆各命令的功能。

【实验内容】

(1)启动 Excel,认真观察 Excel 工作界面,认识各组成部分。

(2)学习新建工作簿、工作表的方法。

(3)学习工作表的基本操作,包括添加、移动、复制、删除、重命名工作表等。

(4)输入数据,并对工作表进行格式化。

【实验过程】

1.启动 Excel, 观察工作界面

启动 Excel 的方法:

①双击桌面上的"Microsoft Excel 2010"快捷图标。

②单击"开始"→"所有程序"→"Microsoft Office"→"Microsoft Excel 2010"命令。

③双击打开已经建立的 Excel 工作簿文件。

Excel 2010 启动后,注意观察 Excel 2010 的工作界面,了解各组成部分的名称,包括 a. 快速访问工具栏,b. "文件"菜单,c. 功能选项卡,d. 功能区,e. 活动单元格名称栏,f. 公式编辑栏,g. 全选按钮,h. 活动单元格,i. 行标号,j. 列标号,k. 工作表标签,l. 工作簿视图切换按钮,m. 显示比例等,如图 6-1 所示。

图 6-1　Excel 2010 工作界面

2. 建立并保存工作簿

一个 Excel 文件就是一个工作簿,保存时工作簿的扩展名是. xlsx。建立一个空白工作簿,并保存为"水果产量变化情况表. xlsx"。

①建立工作簿。

方法一:通过"Ctrl+N"快捷方式建立空白工作簿;

方法二:打开"文件"菜单"新建"命令,选择"空白工作簿";

方法三:启动 Excel 后,自动创建默认的空白工作簿。

②输入数据如图 6-2 所示。

图 6-2　水果产量数据

③保存工作簿。选择"文件"→"保存"命令,在"文件名"文本框中输入"水果产量变化情况表","保存类型"选择"Excel 工作簿(. xlsx)"即可。

3. 数据的自动填充功能

当遇到相同数据内容或结构上有规律的数据时,如星期、员工编号等,可以利用数据的自动填充技术实现快速录入。如在"省份"列前插入新列,取名为"编号",并使用数据的自动填充功能添加数据"001～006"。

①插入列。先选中"省份"列任一单元格,再打开"开始"选项卡"单元格"组,选择"插入"下拉菜单中的"插入工作表列"。

②输入起始数据。选中单元格 A4,输入"'001"(以单撇号开头表示数据设为文本型数据)。

③自动填充。鼠标指向 A4 右下方的填充柄,按下鼠标左键向下拖动鼠标可以进行自动填充。

4. 移动、复制、删除工作表

在 Excel 中可以很容易地进行工作表的复制或移动操作。复制工作表 Sheet1 有以下两种方法:

方法一:在工作表 Sheet1 的工作表标签上单击右键,可以在快捷菜单中看到"移动或复制"以及"删除"命令,根据需要选择"移动或复制",在弹出的对话框中进行设置,同时单击"建立副本"复选框,如图 6-3 所示。

图 6-3　移动或复制工作表对话框

方法二:在工作表标签上,按住 Ctrl 键的同时拖动鼠标移动到 Sheet1 后。

5. 工作表重命名

工作表默认名为 Sheet1、Sheet2、Sheet3……将工作表重命名有利于了解工作表中的内容。如将复制的工作表重命名为"统计结果"。方法是在工作表标签"Sheet1"上双击,使其处于编辑状态,输入新名称"统计结果"。

6. 工作表的格式化

利用"开始"功能选项卡中的"字体""对齐方式""数字""样式""单元格"组或者"设置单元格格式"对话框,可以很方便地对工作表进行格式化。操作内容如下:

①设置单元格区域"A1:F1"合并及水平居中,标题行文字格式为加粗、18 磅。

②将表格添上红色粗实线外边框,蓝色细实线内框;将标题行"A1:G1"设置为黄色底纹,图案样式为 12.5%。

③为"C4:F9"中的数据保留 1 位小数。

④将"C4:F9"中低于 1000 的数据以"浅红填充色深红色文本"突出显示。

⑤将"A3:F9"单元格区域的行高设置为 20。

操作步骤如下：

①选择"A1:F1"单元格区域，在"开始"选项卡中的"字体"组和"对齐方式"组中分别设置字体和合并居中。

②选择"A3:F9"单元格区域，选择"开始"选项卡"字体"组"边框"命令的下拉按钮，选择"其他边框"，在"设置单元格格式"对话框的"边框"选项卡中设置，选择"红色"、"粗实线"，单击"外边框"按钮；再次从颜色下拉菜单中选"蓝色"，线条样式选"细实线"，单击"内部"按钮。如图 6-4 所示。

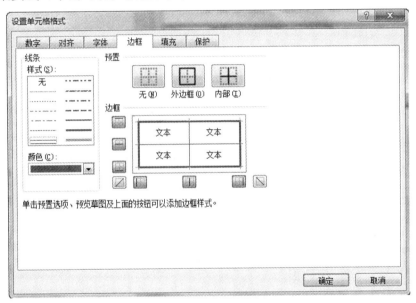

图 6-4　设置边框样式

当设置底纹时，先选择"A1:F1"单元格区域，在"设置单元格格式"对话框的"填充"选项卡中设置。

③选择单元格区域，进入"设置单元格格式"对话框"数字"选项卡，在分类列表框中选择"数值"，进行设置。

④选择"开始"选项卡中"样式"组的"条件格式"命令，在下拉列表中选择"突出显示单元格规则"，级联菜单中选择"小于"，进行设置，如图 6-5 所示。

图 6-5　设置条件格式

⑤选择"A3:F9"单元格区域,在"单元格"组中单击"格式"命令,在下拉菜单中选择"行高",将行高设置为 20。

操作效果如图 6-6 所示。

图 6-6 操作效果

【思考与练习】

练习 1:对"葡萄价格波动表. xlsx"工作簿进行操作,原表如图 6-7 所示。

图 6-7 "葡萄价格波动表"原表

(1)将工作表 Sheet1 命名为"葡萄价格波动表"。

(2)为工作表添加标题行,内容为"国内巨峰葡萄批发价格波动情况",设置"A1:D1"合并居中,标题字体为"隶书"、26 磅、红色。

(3)设置 C14 单元格的文本控制方式为"自动换行"并水平居中,设置 D14 单元格的格式为水平居中和垂直居中对齐。(提示:"开始"选项卡"对齐方式"组中可以设置"自动换行"命令。)

(4)将 A~D 列列宽设置为 16。

(5)设置"A3:D13"区域单元格加黑色的双实线外边框和蓝色单实线内边框，文本对齐方式设置为：水平居中对齐。

操作效果如图 6-8 所示。

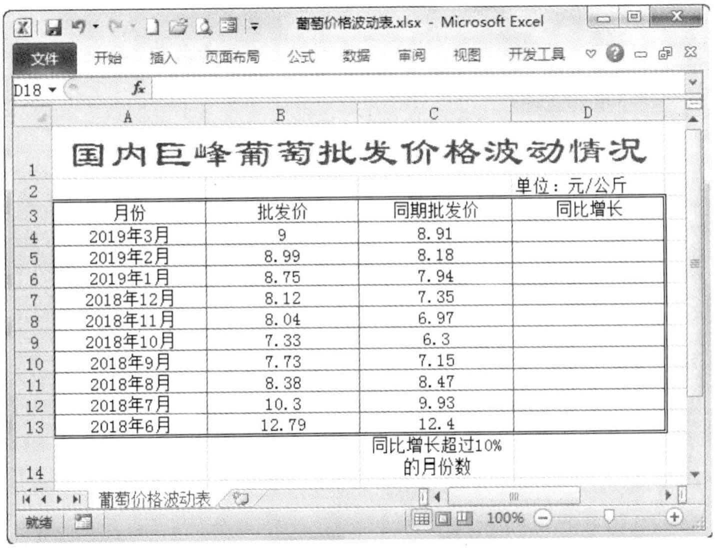

图 6-8　葡萄价格波动表的操作效果

练习 2：有"气温统计表.xlsx"，原表如图 6-9 所示。

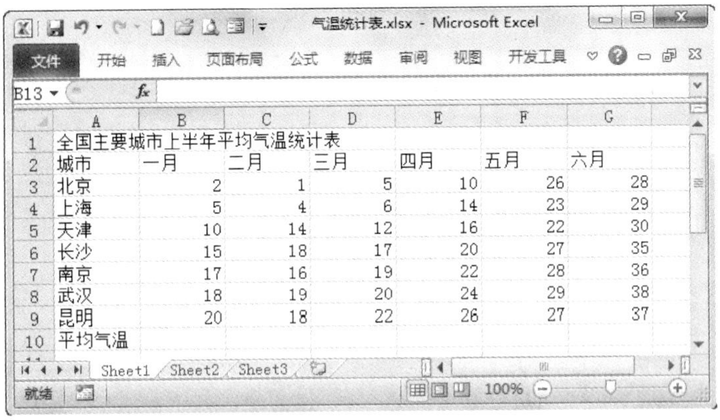

图 6-9　气温统计表

(1)将工作表 Sheet1 改名为"气温统计表"。

(2)将标题行"A1:G1"设置为合并及水平居中，字体格式设置为"隶书"、24磅、蓝色；将"A2:G2"单元格区域字体设置为"黑体"、16磅，并设置底纹为橙色。

(3)将 A～G 列列宽设置为 10，"A2:G9"设置水平、垂直方向居中对齐。

提示： 选择 A～G 列，选择"开始"选项卡"单元格"组，单击"格式"下拉按钮，在级联菜单中选择"列宽"，输入数据。

(4)将"B3:G9"中气温大于等于30度的数据字体设为红色、斜体。

(5)为表格添加蓝色粗线外边框、黑色细线内边框,并为第一行下端加红色双线,为最后一行的上端加红色粗虚线。操作效果如图6-10所示。

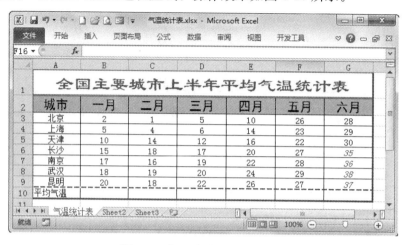

图6-10 气温统计表的操作效果

实 验 6.2　公 式、函 数 及 图 表 编 辑

【实验目的】

(1)掌握公式和函数的使用。

(2)理解相对地址和绝对地址的概念。

(3)熟练掌握 Excel 中图表的创建方法。

(4)熟练掌握图表的编辑方法。

【实验要求】

(1)认真学习教材第 6 章的内容,了解公式、函数及图表的使用。

(2)实验前了解相对地址和绝对地址的概念。

(3)在实验过程中注意公式、函数及图表插入的一般步骤。

【实验内容】

(1)在实验 6.1 基础上利用公式进行数据计算。

(2)在实验 6.1 基础上利用函数进行数据计算。

(3)根据给定数据绘制图表。

(4)学习图表的基本编辑操作。

【实验过程】

1.利用公式进行计算

在 Excel 中可以利用公式进行运算,公式以"＝"开头,由常量、单元格引用、函数和运算符构成。例如,在实验 6.1 的"水果产量变化情况表"中利用公式计算每年的平均产量。

①选择进行计算的单元格。在此例中选择 C10 单元格。

②编辑公式。公式以"＝"开头,由题意可知公式为"＝(C4＋C5＋C6＋C7＋C8＋C9)/6",公式输入完成后按回车键确认。

③公式复制。选择 C9 单元格,拖动填充柄填充到 F9 单元格,可以快速计算出其他年份的平均产量。

2.使用函数进行计算

Excel 将一些常用运算组合定义成函数,同时提供了函数向导,方便用户使用。下面重新利用函数来计算"水果产量变化情况表"中各年份平均产量(函数的参数使用单元格区域表示法)。

①选择进行计算的单元格。在此例中选择 C10 单元格。

②插入函数。使用"公式"选项卡中的"函数库"组,在"自动求和"下拉按钮中选择"平均值",数据范围表示为"C4:C9"。

③函数复制。利用填充柄完成函数复制,方法同公式复制。

3.绝对地址与相对地址

地址就是单元格的编号或单元格区域,分为绝对地址和相对地址。当公式或函数复制时,如果其中的单元格地址发生变化,则公式中用到的是单元格的相对地址;如果单元格地址没有发生变化,则需要用到绝对地址。

在"汽车公司产品销售报表"中利用公式在"总计"栏中进行计算,总计=数量 * 单价+经销商补贴,如图 6-11 所示。

图 6-11　相对地址与绝对地址

在计算每一种产品"总计"时,公式中用到的"单价"和"数量"的值会随计算的"总计"位置发生改变,所以公式中这两个数据用相对地址。而每一种产品计算"总计"时用到的"经销商补贴"数值都是 D2 单元格的值,不会发生改变,因此在此公式中"经销商补贴"数值用绝对地址。

①编辑公式。选择 D4 单元格,输入"=B4 * C4+ D2"。输入公式时,若使用相对地址,则通过鼠标直接选择该单元格;若使用绝对地址,则选好单元格后,按 F4 键。

②公式复制。

4.图表的创建和编辑

利用图表可以将工作表中的数据更直观地显示出来。例如,在"水果产量变化情况表"中,为各省份的"2018 年"和"2016 年"两列数据添加"三维簇状柱形图",添加图表标题"产量统计表",图例在左侧,为图表添加数据值标签。

①选择数据区域。选择"B3:C9"和"E3:E9",注意选择不连续区域时,要同时按下 Ctrl 键。

②插入图表。在"插入"选择卡"图表"组的"柱形图"下拉菜单中选择"三维簇状柱形图",单击添加的图表。

③编辑图表。利用图表工具标签中的"设计""布局""格式"3 个功能区,可以对图表进行编辑。如图 6-12 所示。首先选择"图表工具"中的"布局"选项卡,在"标签"组中选择"图表标题",下拉菜单中选择"图表上方",用以显示图表标题。在图表中修改图表标题为"产量统计表",再选择"数据标签"下拉菜单"显示"命令显示数据。

操作效果如图 6-12 所示。

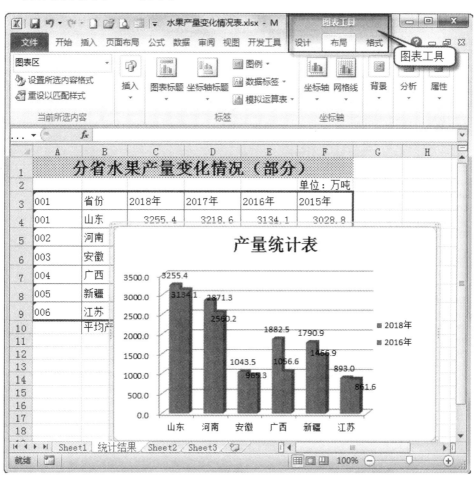

图 6-12　操作效果

【思考与练习】

练习 1:在实验 6.1 的基础上对"葡萄价格波动表. xlsx"工作簿进行如下操作:

(1)在"葡萄价格波动表"中 D 列对应单元格使用简单公式计算每月葡萄价格

的同比增长(计算公式为:同比增长=(批发价-同期批发价)/同期批发价),设置单元格区域(D4:D13)的数字格式为:百分比、保留2位小数。

　　提示:选择D4单元格,输入公式为"=(B4-C4)/C4"。

　　(2)在D14单元格内用条件计数函数COUNTIF计算同比增长超过10%的月份数(包含10%人)。

　　提示:选择"公式"选项卡"插入函数"命令,根据向导指示进行操作,如图6-13和图6-14所示。

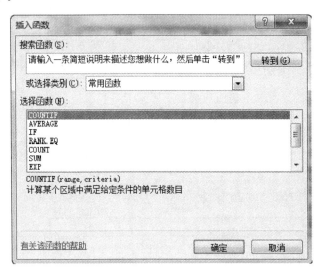

图6-13　插入函数

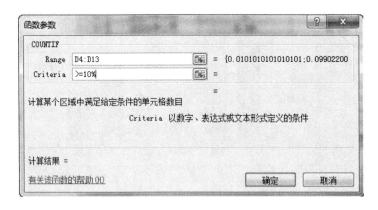

图6-14　函数参数设置

　　(3)根据"月份""批发价"和"同期批发价"三列数据制作带数据标记的折线图,图表的标题为"价格波动统计",图例在右侧显示。

操作效果如图 6-15 所示。

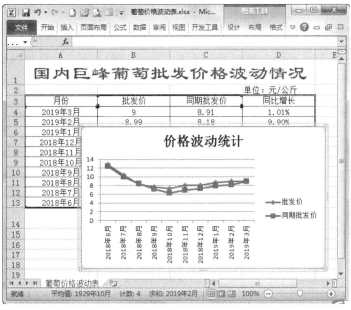

图 6-15 操作效果

练习 2:在实验 6.1 的基础上对"气温统计表.xlsx"进行如下操作:

(1)在"B10:G10"单元格内,计算每个月的平均气温(使用平均值函数 AVERAGE);设置平均气温"B10:G10"单元格的格式为数值,保留一位小数。

(2)为"北京""上海""天津""长沙"4 个城市的上半年的气温信息,创建一个簇状柱形图。该图单独作为一张新工作表,表名为"上半年气温变化表"。

提示:先创建图标,然后再移动图标位置,如图 6-16 所示。

图 6-16 移动图表

(3)将创建的图表标题设置为"气温变化表",字体为"幼圆",字号为28磅,图例文字设置为"黑体"、18磅。添加数值作为数据标签。

(4)将图表中天津的数据系列的填充效果设置为"红日西斜"。

提示: 在图表中选择天津的数据系列,单击右键,选择"设置数据系列格式"命令,在对话框中选择"填充"选项进行设置,如图6-17所示。

图6-17　设置数据系列填充效果

(5)为图表添加武汉的全年气温数据,填充效果设置如图6-18所示。

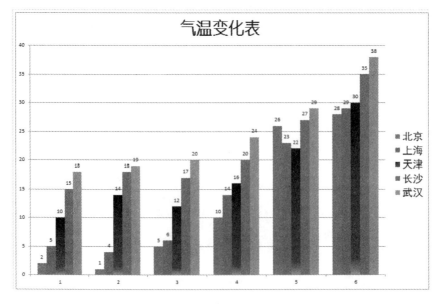

图6-18　上半年气温变化图表

提示:选择图表,在"图表工具|设计"选项卡"数据"组中选择"选择数据源"命令,在"选择数据源"对话框中进行设置。单击缩小对话框按钮重新选择数据区域,通过鼠标选择不连续的单元格时,要按住 Ctrl 键。设置结果如图 6-19 所示。

图 6-19　添加数据

实验 6.3　数据管理

【实验目的】

(1)了解数据清单的概念。

(2)掌握数据记录的输入、编辑操作。

(3)熟练掌握数据清单的相关操作,如排序、筛选、分类汇总。

【实验要求】

(1)能够区别数据清单与普通工作表。

(2)了解数据清单的浏览和编辑方式。

(3)熟练掌握排序、筛选和分类汇总操作。

【实验内容】

(1)利用已有工作簿了解数据清单的概念。

(2)在工作表中完成数据记录的录入。

(3)根据已有数据清单完成排序、筛选和分类汇总操作。

【实验过程】

1.认识数据清单

数据清单又称"数据列表",是由工作表中的单元格构成的矩形区域。数据清单中的每列为一个"字段",每行为一条"记录"。第一行为表头,由若干个字段名称组成。数据清单中不允许有空行或空列,每列数据性质必须相同。如图 6-20 所示。

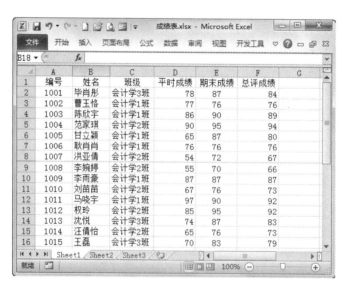

图 6-20　数据清单

2.数据记录的浏览和输入

打开实验文件夹中的"成绩表.xlsx"文件,浏览并输入数据记录。

在工作表中,数据清单的数据可以直接进行输入和编辑,与操作普通工作表方法相同。

通过"记录单"进行操作,如图 6-21 所示。

①将"记录单"功能添加到功能区或快速访问工具栏。

②在"记录单"对话框中浏览数据。

③利用"记录单"中的"新建"按钮添加一条新记录。

④查找"平时"成绩大于 90 分的记录:单击"条件"按钮,在"平时成绩"文本框中输入"90",回车;再次浏览记录时则只显示平时成绩在 90 分以上的学生记录。如图 6-22 所示。

图 6-21　通过"记录单"浏览和输入

图 6-22　通过"记录单"显示满足条件的记录

3.数据清单的操作——排序

创建数据表后,用户可以根据需要按一定次序对数据重新进行排序。例如,为"Sheet1"建立副本,重命名为"排序",按总分降序排序,若总分相同,则按"期末成绩"降序排序。

①复制工作表。在"Sheet1"上单击右键,选择"移动或复制工作表",在弹出的对话框中选择"建立副本"复选框,如图 6-23 所示。将新工作表重命名为"排序"。

②打开"排序"对话框。

方法一:选择数据清单中的任一单元格,单击"数据"选项卡"排序和筛选"组中的"排序"命令。

方法二:选择"开始"→"编辑"组中的"排序和筛选"命令,在下拉菜单中单击"自定义排序"命令。

图 6-23　复制工作表

③设置排序条件。在弹出对话框中设置排序条件。注意在对话框中单击"添加条件"按钮,添加"次要关键字",如图 6-24 所示。

图 6-24 "排序"对话框设置

4.数据清单的操作——筛选

筛选操作可以将用户感兴趣的数据显示出来,将其他数据隐藏起来。例如,为"Sheet1"制作副本,重命名为"自动筛选",将会计学 3 班"总评成绩"等于或大于 90 分的学生记录筛选出来。

①复制工作表。方法同数据清单"排序"操作第①步,将 Sheet1 副本命名为"自动筛选"。

②打开"筛选"对话框。

方法一:选择数据清单中的任一单元格,单击"数据"选项卡"排序和筛选"组中的"筛选"命令。

方法二:选择"开始"→"编辑"组中的"排序和筛选"命令,在下拉菜单中单击"筛选"命令。

③设置筛选条件。单击班级下拉按钮,选择"会计学 3 班",单击"总评成绩"下拉按钮,选择"数字筛选"中的"大于或等于",在弹出对话框中输入 90。筛选后的结果如图 6-25 所示。

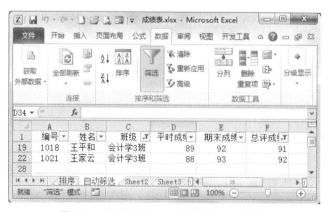

图 6-25 筛选结果——"自动筛选"工作表

5.数据清单的操作——高级筛选

利用高级筛选可以创建较为复杂的筛选条件,例如,复制"Sheet1",重命名为"高级筛选",筛选出"会计学 3 班"学生记录或者是"总评成绩"大于等于 90 分的学生记录。

①设置筛选条件。在与数据清单空至少一行或一列的位置上,输入筛选条件。注意各筛选条件若同行,则表示条件间是逻辑"与"关系;若不同行则表示逻辑"或"关系,如图 6-26 所示。本例中将筛选条件设置在"H5:I7"单元格区域中。

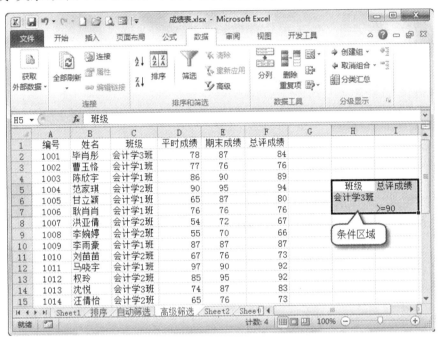

图 6-26　高级筛选——条件区域

②设置高级筛选对话框。选择数据清单的某一单元格,选择"数据"选项卡"排序和筛选"组中的"高级"命令。在弹出对话框中设置,如图 6-27 所示。高级筛选后的工作表如图 6-28 所示。

图 6-27　"高级筛选"对话框设置

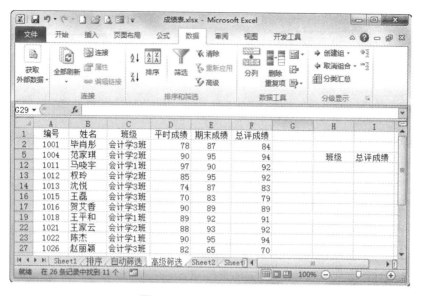

图 6-28 "高级筛选"工作表

6. 数据清单的操作——分类汇总

分类汇总是以某一字段为依据,对数据进行求和、统计等运算。例如,使用"Sheet1"数据,统计出每个班级"总评成绩"最高分和"期末成绩"平均分。

①排序。在做分类汇总之前,需要根据分类字段进行排序,现根据"班级"进行排序。

②分类汇总。在"数据"选项卡"分级显示"组中,选择分类汇总命令。分类字段选择"班级","汇总方式"选择"最大值","汇总项"选择"总评成绩"。

③再次分类汇总。再次选择"分类汇总"命令,"汇总方式"选择"平均值","汇总项"选择"期末成绩"。当显示多种分类汇总结果时,分类汇总对话框中的"替换当前分类汇总"复选框不能选择。在分类汇总后,将明细折叠隐藏,如图 6-29 所示。

图 6-29 分类汇总表

【思考与练习】

"房产销售表.xlsx"如图 6-30 所示。打开该文件,按要求完成以下操作:

图 6-30　"房产销售"表

（1）将工作表 Sheet1 重命名为:"房产销售表"。

（2）在"房产销售表"的 A1 单元格内输入内容:清溪海澜 3 月销售明细。

（3）在"房产销售表"中取消 B、C 两列的隐藏。

（4）将"房产销售表"中(A1:G1)区域合并单元格并居中,设置字体为黑体,字形为加粗,字号为 18 号。

（5）在"房产销售表"中 G 列对应单元格内使用简单公式计算每套房的契税(计算公式:契税＝房价总额＊适用税率,其中适用税率值保存在单元格 G2 内,要求使用绝对引用方式获取),设置单元格区域(G4:G15)的数字格式为:货币、保留 2 位小数、负数(N)选第 3 项。

（6）在"房产销售表"F16 单元格中使用 SUM 函数计算房产销售额。

（7）在"房产销售表"中(A3:G15)区域单元格应用单实线边框,文本对齐方式设置为:水平居中对齐。

（8）在"房产销售表"中应用高级筛选,筛选出户型为三室二厅且面积(m²)大于 110 平方米的数据(要求:筛选区域选择(A3:G15)的所有数据,筛选条件写在(J3:K4)区域,筛选结果复制到 A20 单元格)。

制作演示文稿

实 验 7.1 创 建 演 示 文 稿

【实验目的】

(1)熟悉 PowerPoint 2010 的工作窗口环境,理解演示文稿与幻灯片的关系。

(2)掌握演示文稿的创建、保存的基本方法与过程。

(3)掌握幻灯片的基本编辑操作。

(4)掌握幻灯片主题及幻灯片版式的应用。

(5)掌握幻灯片母板概念和编辑。

【实验要求】

(1)复习回顾教材第7章内容,对 PowerPoint 2010 工作窗口组成等有基本的认识。

(2)根据实验内容,设计演示文稿的框架及内容,掌握演示文稿的创建和保存方法。

(3)能根据需要为幻灯片选择合适的主题、幻灯片版式,并设置母版。

(4)准备好实验所需环境及器材,确认所使用的计算机已正确安装 PowerPoint 2010。

【实验内容】

(1)启动 PowerPoint 2010 ,熟悉其窗口组成。

(2)建立一个文件名为"自我介绍"的演示文稿,并保存到"D:\第7章实验"文件夹中。

(3)在演示文稿中插入6张幻灯片,调整幻灯片的版式,并为第1张幻灯片添加文件主题文字。

(4)对首页幻灯片应用"暗香扑面"主题,其他幻灯片应用"龙腾四海"主题。

(5)在第2张幻灯片中输入相应文本内容,同时对文字进行简单地格式化操作。

(6)为每张幻灯片添加页脚"自我介绍.ppt",并显示页数。

【实验过程】

1. 启动 PowerPoint 2010

单击"开始"按钮,依次选择"所有程序"→"Microsoft Office"→"Microsoft

PowerPoint"命令,启动如图 7-1 所示的工作界面。

熟悉 PowerPoint 2010 的工作窗口组成,并在不同视图之间切换。

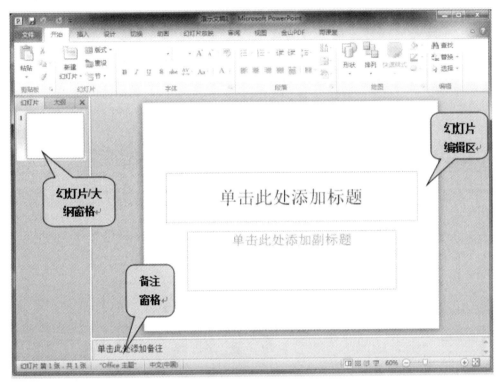

图 7-1　PowerPoint 2010 工作窗口

2. 新建演示文稿并保存

①启动 PowerPoint 2010 后,系统默认新建打开"演示文稿 1. pptx"。

②选择"文件"选项卡→"另存为"命令,弹出"另存为"对话框,选择保存位置为"D:\第 7 章实验",文件名为"自我介绍",单击"保存"按钮。

此时,便在"D:\第 7 章实验"中创建了一个名为"自我介绍. pptx"的演示文稿。

3. 创建 6 张幻灯片及第 1 张幻灯片内容

①选择第 1 张幻灯片,在"单击此处添加标题"占位符,输入文字"自我介绍",设置字体为"隶书",66 号,深蓝色;在"单击此处添加副标题"占位符,输入文字"王军",换行输入"安徽景天有限公司",字体为"隶书",60 号,深红色。调整占位符到合适位置。

②在幻灯片/大纲窗格中选中第 1 张幻灯片。单击"开始"选项卡,在"幻灯片"功能组中选中"新建幻灯片"按钮,就可以在当前选中的幻灯片后面添加 1 张幻灯片。

③同上再插入 4 张幻灯片,新插入的幻灯片默认为"标题和内容"版式。

④选中第 6 张幻灯片,单击"开始"选项卡→"幻灯片"功能组中"版式"下拉菜单,在版式下拉列表框中选择"空白"版式即可。

4. 对首页幻灯片及其余幻灯片设置相应主题

①选择第 1 张幻灯片,在"设计"选项卡→"主题"功能组中,在"暗香扑面"主题上单击鼠标右键,在弹出的下拉菜单中选择"应用于选定幻灯片",如图 7-2 所示。

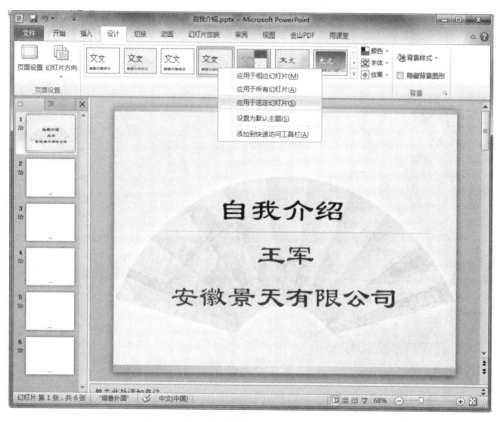

图 7-2 第 1 张幻灯片设置"暗香扑面"主题

注意:如果直接单击所选主题,会将该主题应用于所有的幻灯片。

②选中第 2 张幻灯片,在主题"龙腾四海"上右击,选择"应用于相应幻灯片",即从第 2 张幻灯片至最后 1 张幻灯片都应用了"龙腾四海"主题。

5. 为第 2 张幻灯片添加内容,并进行格式化操作

①在"标题"占位符添加文本"目录",设置为"隶书"、60 号;

②在"文本"占位符添加 3 行文本内容"个人简介、兴趣爱好、人生格言",设置为"隶书"、48 号,项目符号设置为"菱形"。

6. 利用母版添加页脚及页码

①选择"视图"选项卡→"母版视图"功能组中"幻灯片母版"命令,在 PowerPoint 主窗口中显示幻灯片母版。

②选中第 1 张"主母版",选择"插入"选项卡→"页眉页脚"命令。选中幻灯片编号,"页脚"输入"自我介绍",选中"标题幻灯片中不显示",单击"全部应用"。

③单击"关闭母版视图"按钮,返回到幻灯片模式工作。

④单击保存并退出 PowerPoint。

【思考与练习】

(1)幻灯片主题与版式有什么不同?

(2)使演示文稿中的幻灯片具有统一外观的方法有哪些?

实 验 7.2　向演示文稿中插入对象

【实验目的】

(1)掌握向演示文稿中插入各种对象的方法。

(2)掌握格式化及美化演示文稿的方法。

【实验要求】

(1)认真学习教材相应章节内容,熟悉向演示文稿中插入各种对象的操作方法。

(2)准备好实验所需插入的图片、声音及视频等多媒体素材。

【实验内容】

(1)打开"D:\第7章实验\自我介绍.pptx",在第2张幻灯片中插入剪贴画,并设置剪贴画格式。

(2)在第3张幻灯片中插入表格,并修改表格内容和格式。

(3)在第4张幻灯片中插入smart图形。

(4)为第5张幻灯片添加文本。

(5)在第6章幻灯片中插入艺术字。

(6)在第1张幻灯片插入背景音乐,并设置从第1张幻灯片开始播放,直到最后1张幻灯片,播放时不显示声音图标。

【实验过程】

(1)在第2张幻灯片插入剪贴画,并设置剪贴画格式。

①打开"D:\第7章实验\自我介绍.pptx",选中第2张幻灯片。

②在"插入"选项卡中,单击"图像"功能组中的"剪贴画"按钮,打开"剪贴画"任务窗格。

③在搜索出来的剪贴画上单击即可在选中幻灯片中插入剪贴画。

④此时,标题栏中自动添加"格式"选项卡。可以用来设置图片的格式,调整到合适大小及位置,如图7-3所示。

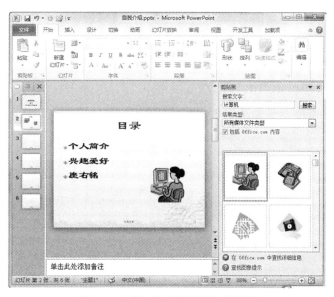

图 7-3　向第 2 张幻灯片插入剪贴画

(2)向第 3 张幻灯片插入表格,并修改表格内容和格式。

①单击选择第 3 张幻灯片,在"标题"占位符中输入"个人简介",设置字体为"隶书"、48 号、"深蓝色"、加粗。

②在文本占位符中单击表格图标,弹出"插入表格"对话框,输入 5 行 4 列,单击"确定"即可。

③此时,标题栏中自动添加"表格工具"选项卡。可根据需要设计表格的属性及状态,调整到合适大小及位置。

④输入表格内容,并设置表格数据为水平垂直居中,如图 7-4 所示。

图 7-4　向第 3 张幻灯片插入表格

(3)向第4张幻灯片插入 smart 图形,并设置格式。

①单击选择第4张幻灯片,在"标题"占位符中输入"兴趣爱好",用格式刷设置其字体格式与"个人简介"相同。

②在文本占位符中单击"插入 smart 图形"图标,弹出"选择 smart 图形"对话框。依次选择"循环"→"分离射线",单击"确定",输入文本,如图7-5所示。

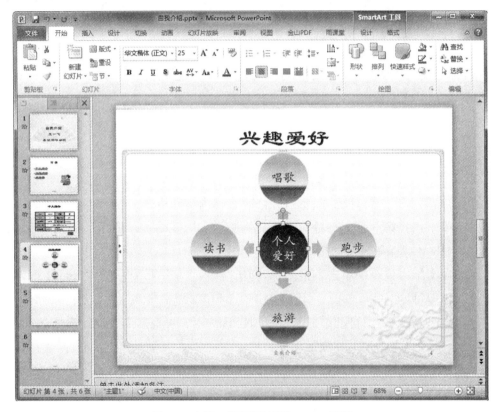

图 7-5　向第4张幻灯片插入 smart 图形

③格式化 smart 图形。选择中心图形,单击鼠标右键,依次选择:"设置形状格式"→"渐变填充"→"预设颜色"→在下拉列表中选择"红日西斜"。用同样的方法,依次设置各个连接箭头指向的图形,选择"漫漫黄沙"填充,同时字体颜色设置为"黑色"。

(4)为第5张幻灯片添加文本并设置文本格式。

①打开第5张幻灯片,在"标题"占位符中输入"座右铭",用格式刷设置字体格式与"个人简介"相同。

②在文本占位符中,输入相应的文字。"从哪里跌倒,从哪里爬起。""书山有路勤为径,学海无涯苦作舟。""忍一时风平浪静,退一步海阔天空!"。

③设置字体格式为"华文行楷"、36号、"斜体"、"加粗"、"蓝色",段落间距为1.5倍行距,如图7-6所示。

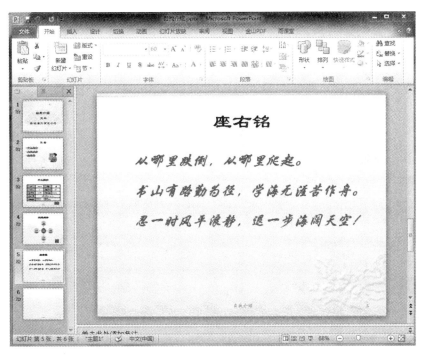

图 7-6 第 5 张幻灯片效果示意

(5)向第 6 张幻灯片插入艺术字。

①单击选择第 6 张幻灯片,插入一个文本框,输入"wjun@ahjt. com. cn";并设置字号为 54。

②再插入一个文本框,输入"谢谢!"。在"格式"选项卡中选择合适的艺术字样式应用到"谢谢"上,效果如图 7-7 所示。

图 7-7 向第 6 张幻灯片插入艺术字

(6)向第1张幻灯片插入背景音乐。

①选择第1张幻灯片,在"插入"选项卡的"媒体"功能组中,依次单击"音频"→"文件中的音频",弹出"插入音频"对话框,在"查找范围"中选择要插入音频的存储位置,单击要插入的音乐文件名"背景音乐.mp3",点击"确定"按钮即可插入。

②在幻灯片上出现一个声音图标,鼠标放在上面可以显示播放进度条,并可以控制声音的播放与声音大小等,如图7-8所示。

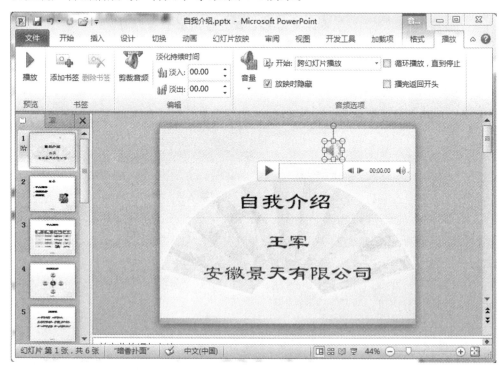

图7-8 向第1张幻灯片插入音乐

③设置音频播放格式。在"播放"选项卡→"音频选项"功能组的"开始"选项卡中,选择"跨幻灯片播放",同时选中"放映时隐藏"前的复选框。

④保存幻灯片,退出 PowerPoint。

【思考与练习】

(1)幻灯片中有哪几种占位符,各有什么特点?

(2)如何在幻灯片中插入文件中的图片,并将其设置为幻灯片的背景?

(3)以"我的母校"为题制作一个演示文稿,选取适当的主题。在演示文稿中除包含相应的文字内容外,还需添加合适的图片、音乐或视频等。

实 验 7.3　放 映 演 示 文 稿

【实验目的】

(1)掌握幻灯片动画效果的添加及设置方法。

(2)根据幻灯片的结构,为演示文稿添加合适的幻灯片切换方式。

(3)掌握在演示文稿中设置交互式超链接技术(超链接及动作按钮)。

(4)掌握演示文稿的播放方法。

【实验要求】

(1)复习教材相应章节,熟悉向幻灯片中添加动画效果、超链接及动作按钮,以及设置幻灯片放映时幻灯片间的切换效果等的方法。

(2)根据设计需要为每张幻灯片选择添加合适的动画及切换效果。

(3)能够选择演示文稿合适的播放方法。

【实验内容】

(1)为每张幻灯片中的组成元素添加合适的动画效果。

(2)在第 2 张中创建超链接,同时为 3、4、5 张幻灯片添加"返回"动作按钮。

(3)设置演示文稿的切换效果为"随机线条",应用到所有的幻灯片中。

(4)切换到幻灯片浏览视图并放映演示文稿。

【实验过程】

(1)为每张幻灯片添加动画效果。

①打开演示文稿"自我介绍. pptx",选中第一张幻灯片中副标题占位符。

②设置动画类型。在"动画"选项卡"动画"功能组中,单击选择"飞入"动画效果,如图 7-9 所示。

③设置动画效果属性。在"动画"选项卡的"效果选项""高级动画"及"计时"功能组中可以根据需要修改动画属性。

④按同样的方法依次为每张幻灯片中各个对象添加合适的动画效果。

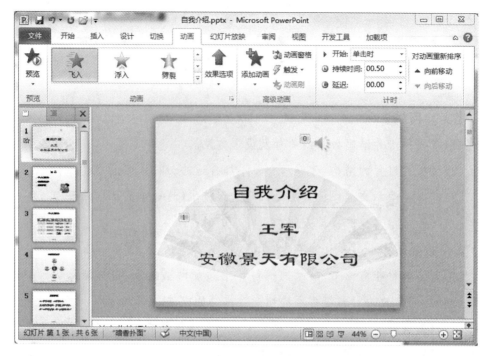

图 7-9　在第 1 张幻灯片中插入"飞入"动画效果

（2）向幻灯片中插入超链接及动作按钮。

①选中第 2 张幻灯片中"个人简介"文本，单击"插入"选项卡→"超链接"按钮，弹出"插入超链接"对话框。

②选中"本文档中的位置"，右边对话框中选择"3. 个人简介"，如图 7-10 所示，点击"确定"返回。

③依次选择"兴趣爱好""座右铭"文本内容，添加超链接到第 4、5 张幻灯片。

图 7-10　创建"个人简介"超链接

④选中第 3 张幻灯片，选择"插入"选项卡→"形状"下拉列表，在"动作按钮"类型中选择第一个"后退"按钮，鼠标变成"十"字形状。

⑤在幻灯片右下角拖动鼠标画出动作按钮,弹出"动作设置"对话框,依次选择"超链接到"→"幻灯片…"→"2.目录",单击"确定"按钮,这时便在幻灯片中产生一个返回动作按钮,如图 7-11 所示。

图 7-11 创建"返回"动作按钮

⑥接着用同样的方法分别为第 4、5 张幻灯片添加"返回"动作按钮。

(3)设置所有幻灯片间切换效果为"随机线条"。

①选中第一张幻灯片,单击"切换"选项卡→"切换到此幻灯片"功能组→选择"随机线条"切换类型。

②单击"全部应用"即可。

(4)幻灯片的浏览及放映。

①单击工作窗口右下角视图区,选择"幻灯片浏览"视图,效果如图 7-12 所示。

图 7-12 幻灯片浏览视图

②按 F5 键或者选择"幻灯片放映"→"从头开始"命令,开始放映幻灯片。

③单击鼠标左键,依次放映所有幻灯片,查看幻灯片放映效果。

【思考与练习】

(1)如何设置幻灯片的切换时间?

(2)通常幻灯片的放映方式有哪几类?

(3)以"毕业答辩"为题,建立学生毕业答辩演示文档文件。文档由 8 张幻灯片组成,内容与效果自定。

要求:

①为演示文稿应用"聚合"主题,每张幻灯片的版式自定。

②为各张幻灯片添加文本内容并设置格式。

③利用母版为每张幻灯片添加页码及页脚内容"毕业答辩"。

④设置幻灯片上各个对象的动画,效果自定。

⑤设置幻灯片间的切换效果为"淡出",应用于所有幻灯片。

⑥对幻灯片进行排练计时,保留排练计时时间,再自动放映幻灯片。

网络与 Internet

实验 8.1　局 域 网 组 成

【实验目的】

(1)了解局域网的基本结构、主要的硬件设备及其作用。

(2)了解服务器及工作站的作用。

(3)掌握通过 Windows 访问局域网资源的基本方法。

【实验要求】

(1)认真阅读教材相关内容。

(2)实验室电脑可以通过 Windows 互相访问。

(3)仔细观察实验室局域网的组成,掌握局域网的组成和结构。

【实验内容】

(1)观察局域网的组成。

(2)查看计算机局域网网络配置情况。

(3)通过共享文件夹访问其他计算机上的共享资源。

【实验过程】

1.观察局域网的组成

计算机实验室的网络本身就是典型的局域网环境,通过观察实验室网络,了解局域网的基本组成。

①观察所使用计算机主机箱的背板,仔细查看网络接口卡（Network Interface Card,NIC,即网卡)所在位置,了解网卡接口类型。一般来说网卡的类型为 RJ-45 接口,且网卡上有指示灯闪烁。

②右击"我的电脑",在弹出的快捷菜单中选择"属性"选项,屏幕显示"系统属性"对话框,选择"硬件"选项卡,单击"设备管理器"按钮,在显示的对话框中,单击"网络适配器"对象前面的"＋"展开该项,能够看到网卡的相关信息,如图 8-1所示。如果计算机没有安装网卡或者安装不正确,则在"网络适配器"下看不到相关信息。

说明:如果计算机已经正确联网,在"开始"菜单中可以看到"网上邻居"选项。打开"网上邻居",在其中的"网络任务"列表中选择"查看网络连接",在随后显示的"网络连接"窗口中右击"本地连接",在弹出的快捷菜单中选择"属性"。通过该"属性"对话框也能够查看网络连接的基本情况。

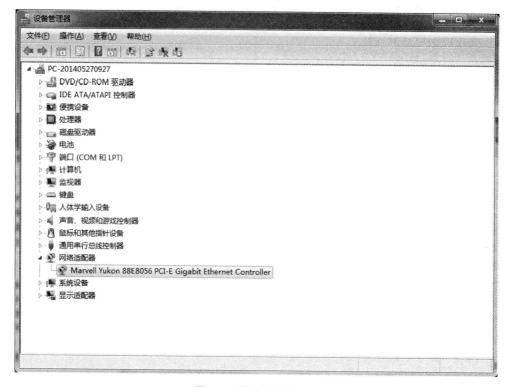

图 8-1　网卡的硬件信息

③观察双绞线与网卡的连接方法,观察 RJ-45 头(俗称"水晶头")的制作方法并思考其作用。

④在一个实验室内,连接每台计算机的双绞线一般都会集中于一个网络机柜中。观察网络机柜中还有哪些设备,并思考它们的作用。并进一步思考实验室局域网的拓扑结构是什么?

⑤向实验室管理人员了解是否有可以访问的服务器。如果有,进一步了解其硬件型号与配置。例如,安装了什么样的操作系统,提供了哪些可访问的共享资源,以及访问服务器的途径与方法,并尝试通过网络,访问该服务器提供的共享资源。

2. 查看计算机网络配置情况

①计算机的名称和属于的工作组名称。

②计入"命令提示符"界面,运行 IPCONFIG/ALL 命令,查看当前网络的配置情况,包括网络适配器(网卡)型号、网络适配器物理地址、IP 地址、子网掩码、默认网关、首选 DNS 服务器、备用 DNS 服务器等。

③通过"网络连接"的 TCP/IP 属性对话框,查看 IP 地址和 DNS 服务器的获得方式是自动获取,还是手工指定。

可以通过打开所用"网络连接"的属性对话框,选定"Internet 协议版本 4 (TCP/IPv4)",如图 8-2 所示,再单击"属性"按钮,弹出如图 8-3 所示对话框。

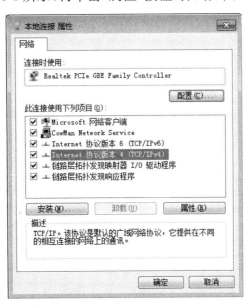

图 8-2　网络连接属性对话框

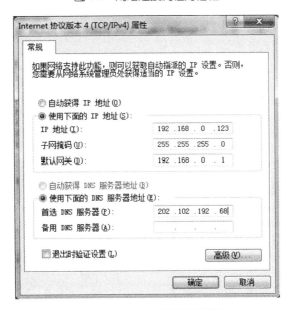

图 8-3　"IP 地址配置"对话框

3. 通过 Windows 共享文件(夹)访问其他计算机上的共享资源

操作步骤如下:

①在 E 盘新建一个名为"共享测试文件夹"的文件夹。

②右键单击"共享测试文件夹",从弹出的快捷菜单中选择"共享"命令,在右侧弹出的子菜单中选择共享类型,如图 8-4 所示,然后根据提示完成后续设置即可。

图 8-4　共享类型选项

【**思考与练习**】

(1)仔细观察所在实验室网络的组成情况,记录各种设备的型号与配置。如果请你为某个公司组建一个小规模局域网,需要配置哪些软硬件设备?

(2)观察双绞线与网卡的连接方法,观察 RJ-45 头的制作方法并思考其作用。

(3)交换机的作用是什么?你所在的实验室局域网的拓扑结构是什么?

(4)向实验室管理人员了解是否有可以访问的服务器;如果有,进一步了解其硬件型号与配置,安装了什么样的操作系统,提供了哪些可访问的共享资源,以及访问服务器的途径与方法,并尝试通过网络访问该服务器提供的共享资源。

(5)如果需要取消简单共享文件夹的共享特性,如何实现?

实　验　8.2　接　入　Internet

【实验目的】

(1)了解接入 Internet 的主要途径以及必须具备的基本条件。

(2)了解通过拨号网络访问 Internet 的方法。

(3)掌握通过局域网接入 Internet 的方法,能够正确地配置 IP 协议。

(4)了解通过无线网络接入 Internet 的方法。

【实验要求】

(1)阅读教材中关于 Internet 接入方式的内容。

(2)理解 IP 地址信息的含义,学会设置和修改网络配置。

(3)实验室及实验用电脑应该支持学生进行相关的网络配置。

(4)在开始实验前,管理人员应该为每一台计算机分配好 IP 地址与掩码,同时公布网关及 DNS 信息。

【实验内容】

(1)通过拨号方式接入 Internet。

(2)通过局域网接入 Internet。

【实验过程】

1.通过拨号方式接入 Internet

通过拨号方式接入 Internet 有两个基本前提:一是计算机系统中正确安装了调制解调器;二是用户拥有正确的上网信息,如向 ISP 申请的账号、密码、呼叫号码、DNS 地址等。

在具备这些条件后,用户计算机的配置步骤如下:

①打开“控制面板”文件夹,双击“网络和共享中心”图标,进入“网络和共享中心”对话框,如图 8-5 所示。点击窗口中“设置新的连接或网络”,进入“设置连接或网络”对话框,如图 8-6 所示。

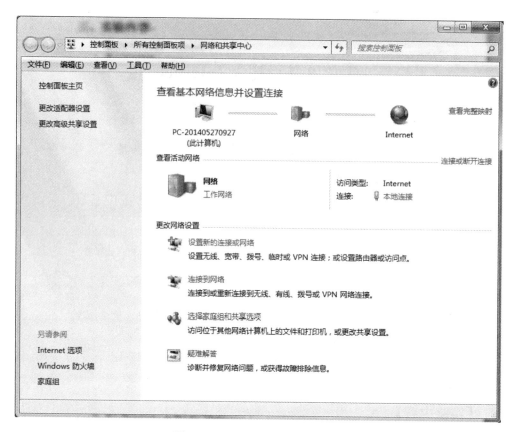

图 8-5 "网络和共享中心"对话框

图 8-6 "设置连接或网络"对话框

②在弹出的"设置连接或网络"对话框中,选择连接选项,以"设置拨号连接"

为例,点击"下一步"。弹出如图 8-7 所示的"创建拨号连接"对话框。

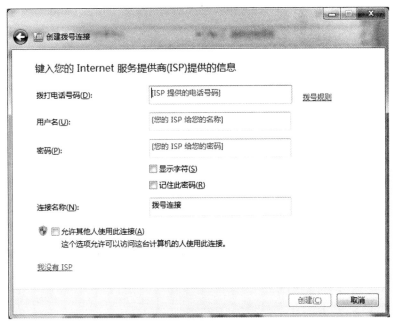

图 8-7 "创建拨号连接"对话框

　　③在"创建拨号连接"对话框中输入 ISP 电话号码、"用户名"、"密码"等信息,单击"创建"按钮,弹出如图 8-8 所示的"创建拨号连接"完成的对话框,单击"关闭"按钮结束设置。

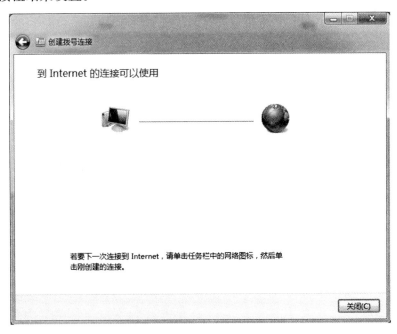

图 8-8 "创建拨号接连"完成对话框

④到图 8-5 所示的"网络和共享中心"对话框中选择"连接到网络"选项,即可进行连接。

2. 通过局域网接入 Internet

通过局域网接入 Internet 需要完成的工作包括以下几个方面:

①在计算机系统中正确安装并配置网卡。

②通过电缆(如双绞线)建立物理网络连接。

③配置静态 IP 地址信息,可以在图 8-3 所示的对话框中进行设置。当然如果允许也可以自动获取 IP 地址。

【思考与练习】

(1)任何一台计算机接入到网络中都需要 IP 地址等信息,请具体说明这些信息并分别利用实验中所提到的方法,记录这些信息。

(2)了解通过"创建一个新的连接"向导是否可以创建其他类型的网络连接,如 VPN、ADSL 拨号连接等。

实 验 8.3　访 问 WWW

【实验目的】

(1)熟练掌握浏览器的使用方法。

(2)掌握通过 Internet 进行资源搜索与软件下载的方法。

【实验要求】

(1)阅读教材相关内容。

(2)实验前,了解可以从 Internet 获取哪些资源。

(3)要求掌握软件下载的方法及使用版权的相关信息。

【实验内容】

(1)访问 WWW。

(2)Internet 资源搜索。

(3)软件下载。

【实验过程】

1. 访问 WWW

①双击桌面"Internet Explorer"菜单,启动 IE 浏览器。

②在 IE 地址栏中输入网址,如"http://www.ahedu.gov.cn/",按回车键,如图 8-9 所示。

图 8-9　通过 IE 浏览器访问网页

③访问网页时,单击工具栏中的"停止"按钮,可以终止当前正在进行的操作;单击工具栏的"刷新"按钮或按 F5 键,刷新当前页面信息,可用于解决网页显示不正常的问题。

④利用超链接功能在网上漫游。将鼠标指向具有超链接功能的内容时,鼠标指针变为手形,单击鼠标左键,进入该链接所指向的网页。

⑤在已经浏览过的网页之间跳转,最常用的方法是单击工具栏中的"后退"按钮和"前进"按钮。

⑥保存当前页面信息,选择"文件"→"另存为"命令,在随后显示的"另存为"对话框中指定存储位置为"E:\网页存储",文件名为"安徽教育网主页"。

⑦保存页面中的图像或动画。用鼠标右键单击页面中的图像或动画,在弹出的快捷菜单中,选择"图片另存为"命令,然后在"保存图片"对话框中,指定保存的位置和文件名,最后单击"保存"按钮即可。

⑧将网址添加到收藏夹。选择"收藏"菜单中的"添加到收藏夹"选项,可将当前浏览的页面网址添加到收藏夹,这样可以方便以后快速定位该网页。

⑨设置起始页面地址,选择"工具"菜单中的"Internet 选项",打开对话框,然后选中"常规"选项卡。在主页设置区中的地址框中输入一个网址,如"http://www.ahedu.gov.cn",IE 就会在每次启动后自动浏览该页面。在"Internet 选项"对话框中还可以进行"Internet 临时文件""历史记录"等相关选项的操作。

2. Internet 资源搜索

通过百度搜索"计算机一级等级考试"的相关信息,操作步骤如下:

①启动 IE 浏览器,在地址栏中输入"http://www.baidu.com"。

②在搜索栏中输入"计算机一级等级考试",点击"百度一下"按钮。

③在显示的搜索结果中,点击需要的条目。

注意:对由于搜索页面不存在而导致的访问失效的情况,用户可在搜索结果条目右下角选择"百度快照"来访问存放在百度服务器中的页面,也可以查看到页面信息。

说明:搜索关键字的选取较为重要,要求尽量精确。如果需要使用多个关键字搜索,则各关键字需要用空格隔开,如"安徽省计算机一级等级考试",这样可以获得更精确的搜索结果。此外,搜索引擎还可进行新闻、MP3、图片、软件等相关资料的搜索。

3. 软件下载

通常情况下,需要先通过搜索引擎进行搜索,确定可用的下载地址,然后访问相应网站,现以 360 安全浏览器软件的搜索和下载为例,说明操作过程。

①访问"www. baidu. com",在搜索栏中输入"360";在搜索结果页面中,选择 360 官方网站,就可打开如图 8-10 所示的 360 官方网站。

图 8-10　360 官方网站

②在 360 官方网站主页中点击"360 安全浏览器"下载链接。

③在随后显示的文件下载对话框中,选择"运行""保存"还是"取消",这里以点击"保存"为例。

④在选择保存下的"另存为"后,在弹出的"另存为"对话框中指定保存的位置和文件名,单击"保存"按钮。

说明:软件也可以通过 FTP 方式下载。目前,随着 P2P 技术的不断发展,很多提供下载的网站也可以提供基于 P2P 技术的下载方式,如迅雷、BT 等。

【思考与练习】

(1)列举出包括 IE、360 安全浏览器等在内的几款常用浏览器软件。

(2)从 Internet 上下载软件、视频及其他资源可能牵涉到版权问题,通过搜索引擎查阅相关的案例及资料时,应该注意一些什么?

(3)想一想除了使用网页直接下载外,还有哪些可用的下载工具可以帮助快速下载。

多媒体技术

实验 9.1 多媒体文件的使用

【实验目的】

(1)理解多媒体概念及技术。

(2)了解多媒体计算机的基础配置和操作。

【实验要求】

(1)掌握多媒体音频设备的基本设置方法。

(2)学会音频文件的录制。

(3)掌握常用多媒体播放工具的基本操作方法。

【实验内容】

(1)控制系统音量。

(2)录制与播放音频文件。

(3)使用多媒体工具。

【实验过程】

1.用 Windows 7 音量合成器调控多种音量

①鼠标左键单击 Windows 7 任务栏右端的喇叭图标，选择"合成器"，或者右击 Windows 7 任务栏喇叭图标，选择"打开音量合成器"，打开如图 9-1 所示的"音量合成器-扬声器"设置面板。

图 9-1 "音量合成器-扬声器"设置面板

②在"音量合成器-扬声器"的设置面板中,我们可以看到 Windows 7 系统当前正在运行的所有声音程序,最方便的是 Windows 7 系统允许用户对每一个设备的音量分别调控,可以拖动滑动块增加(上限不能高过"设备-扬声器"的最大音量)或减小音量,甚至还可以干脆关闭某个应用程序的声音。

2. 声音的录制、保存及播放

录制声音并保存为 Mymusic.wav 文件,利用 Windows Media Player 播放该声音文件。

①确认麦克风已正确连接。

②依次单击"开始"→"所有程序"→"附件"→"录音机",打开如图 9-2 所示的录音机窗口。

图 9-2　"录音机"窗口

③在"录音机"窗口中,单击"开始录制"按钮即可开始通过麦克风录音。

④录音完毕后,可单击"停止录制"按钮,弹出保存声音文件的"另存为"对话框。

⑤在"另存为"对话框中选择保存的位置为"桌面",输入声音文件的文件名为"Mymusic",单击"确定"按钮即完成声音的录制和保存。若单击"取消"按钮,还可继续录制声音。

⑥在 "Mymusic.wav"文件上右击,在弹出菜单中选择"打开方式"→"Windows Media Player",即可启动 Windows Media Player 播放器并播放该声音文件。

3. Windows Media Player 播放器的模式切换及媒体文件的播放

①依次选择"开始"→"所有程序"→"Windows Media Player",启动 Windows Media Player 播放器,界面如图 9-3(a)所示"库模式"。

②单击右下角的模式切换按钮即可切换到"外观模式",如图 9-3(b)所示;

（a）"库模式"　　　　　　　　　　　　（b）"外观模式"

图 9-3　Windows Media Player 播放器

③在"库模式"窗口中选择"组织"→"布局"→"显示菜单栏",通过"查看"菜单中的"外观选择器",可以选择多种外观。

④在图 9-3(a)所示的播放模式下,将媒体库中需要播放的媒体文件拖入播放列表中,单击播放器窗口下面的"播放"按钮即可。

【思考与练习】

(1)调节多媒体计算机的音量和综合控制媒体组件的属性。

(2)使用 Windows Media Player 播放器播放视频一共有哪些方法?

(3)利用"媒体播放工具"播放音乐和视频。

(4)流媒体播放软件的使用。

实 验 9.2 Photoshop 和 Flash 的使用

【实验目的】

(1)熟悉 Photoshop 和 Flash 的桌面工作环境。

(2)了解 Photoshop 和 Flash 的使用方法。

【实验要求】

(1)会使用 Photoshop 进行简单的图形图像处理。

(2)会使用 Flash 制作简单的动画。

【实验内容】

(1)用 Photoshop 制作无籽西瓜瓣。

(2)用 Flash 制作一个滚动的小球。

【实验过程】

1. 用 Photoshop 制作无籽西瓜瓣

①启动 Adobe Photoshop CS5 后,选择"文件"→"新建",打开如图 9-4 所示的新建对话框,新建像素为 800×600px,文件名为"无籽西瓜瓣"的文件。

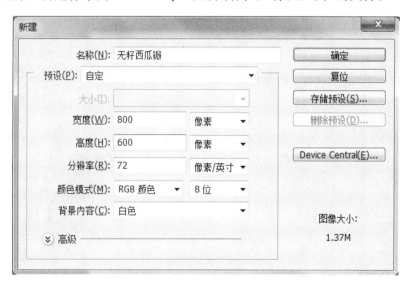

图 9-4 新建图层

②选择椭圆选框工具,绘出椭圆选区,填充为绿色,如图 9-5 所示。

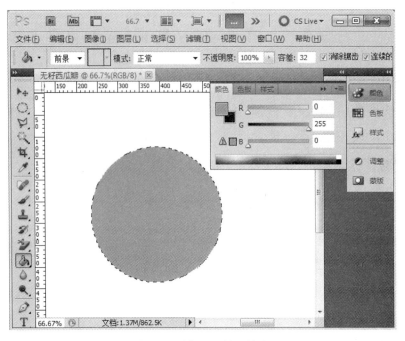

图 9-5　绘制西瓜的外轮廓

③"选择"→"修改"→"收缩"(8px),"选择"→"羽化"(5px),填充白色,如图9-6所示。

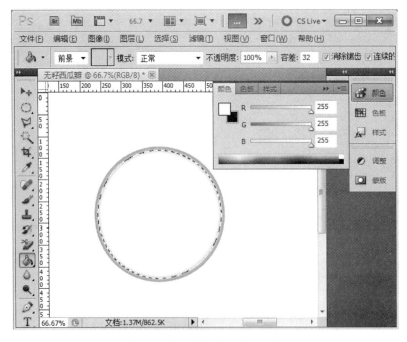

图 9-6　西瓜瓤过度"羽化"效果

④"选择"→"修改"→"收缩"（8px），"选择"→"羽化"（5px），填充红色，如图 9-7所示。

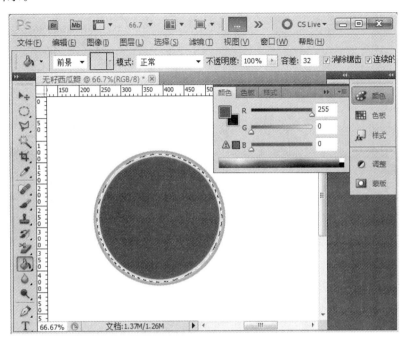

图 9-7　西瓜瓤效果

⑤选择"滤镜"→"杂色"→"添加杂色"（5%、高斯分布、单色），如图 9-8 所示；取消选区（Ctrl＋D），效果如图 9-9 所示。

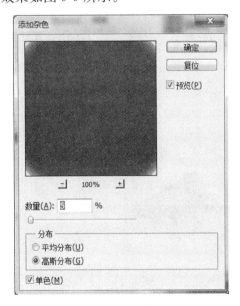

图 9-8　添加杂色窗口

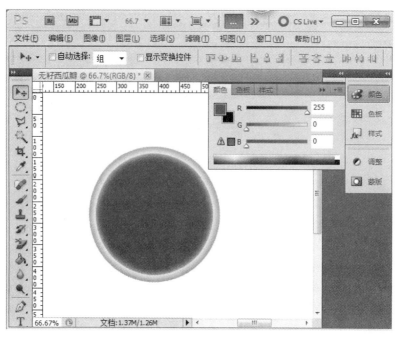

图 9-9　西瓜瓤添加"杂色"后效果

⑥选择"多边形套索工具"→选出三角形选区→反选(Shift＋Ctrl＋I)→Delete,效果如图 9-10 所示。

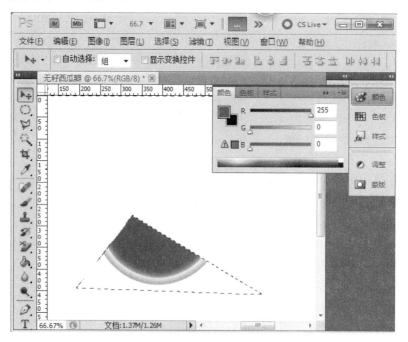

图 9-10　多边形套索工具选区瓜瓣

⑦取消选区→"多边形套索工具"→选取小三角选区,如图 9-11 所示。

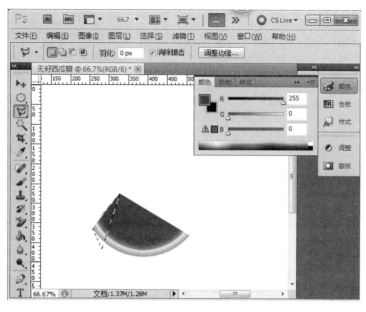

图 9-11　为瓜瓣做面转折选区

⑧选择"图像"→"调整"→"亮度/对比度",调暗亮度(-50),取消选区,如图 9-12所示。

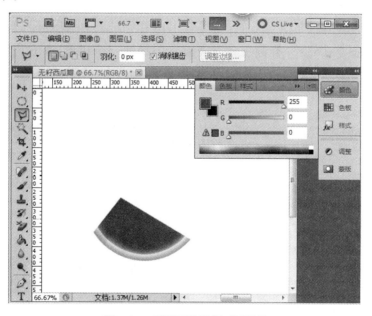

图 9-12　瓜瓣面做"对比度"调整

⑨用"磁性套索工具",选取瓜瓣区域,新建选区图层,然后"图层"→"复制图层",并调到合适的位置,合并图层,然后再复制,选择"编辑"→"变换"→"垂直翻转",调整到合适位置,改变透明度为 20%,背景图层改为浅绿色,如图 9-13 所示。

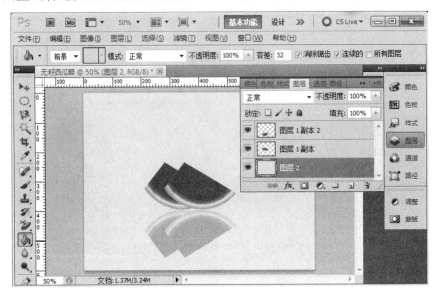

图 9-13　无籽西瓜最终效果图

2. 用 Flash 制作一个滚动的小球

①启动 Adobe Flash CS5 时,选择 ActionScript 3.0,单击,进入 Flash 文档。

②在工具栏中选择"椭圆工具",在舞台中绘制一个小球,在右边属性面板里设置小球的边框为"无",颜色为球面的"绿色"。如图 9-14 所示。

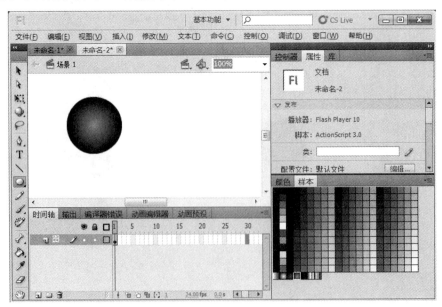

图 9-14　绘制小球

③选中"图层 1"第 30 帧,右击,在弹出的菜单中选择"插入关键帧"。

④选中"图层 1"第 30 帧,把小球从舞台的左边拖到舞台的右边。

⑤选中"图层 1"第 1 帧至第 30 帧中的任意一帧,单击右键,在弹出的菜单中选择"创建补间形状"。如图 9-15 所示。

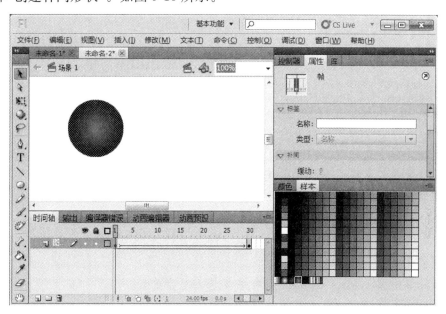

图 9-15　创建补间形状动画

⑥按"Ctrl＋Enter"测试,可看到小球从左向右滚动起来了。

【思考与练习】

(1)使用 Photoshop 制作透明背景图片。

(2)使用 Photoshop 制作海市蜃楼效果。

(3)利用 Flash 制作一个沿引导线滚动的小球。

数据（信息）安全

实验 10.1　搜索与安装 Windows 更新

【实验目的】
(1)掌握检查操作系统安全性的基本方法。
(2)掌握下载并安装安全补丁来解决安全性问题的基本方法。
(3)熟悉常用反间谍软件的使用方法。

【实验要求】
(1)实验用计算机已连接 Internet，可以访问 Microsoft 等网站。
(2)认真学习教材第 10 章的内容，了解有关计算机和网络安全的相关内容。

【实验内容】
(1)使用 Windows Update 搜索并自定义安装更新。
(2)使用反间谍软件检查系统的安全性。

【实验过程】

1.设置自动更新方式
通过 Windows 安装更新，可以自动检查重要的更新，并对它们进行安装。

①打开"控制面板"窗口，选择"系统和安全—启用或禁用自动更新"选项，打开如图 10-1 所示的"选择 Windows 安装更新的方法"对话框。

图 10-1　设置自动更新方式

②图 10-1 所示界面中列出了 4 个选项,表示 4 种自动更新方式。建议选择其中的第 2 项或者第 3 项,例如,选择第 3 项:"检查更新,但是让我选择是否下载和安装更新"。

③单击"确定"按钮,完成设置。

说明:如果用户选择了"自动安装更新",则 Windows 会自动检测可用的更新并将其下载安装到本地计算机。

2. 启动 Windows 更新程序

选择"开始"→"所有程序"→"Windows Update"命令,系统将会自动打开"Windows Update"对话框,在其中单击"安装更新"按钮,系统会自动下载更新,屏幕显示如图 10-2所示。

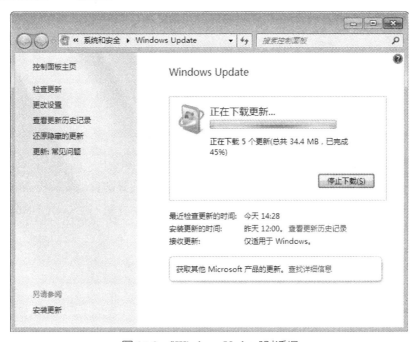

图 10-2　"Windows Update"对话框

3. 浏览并选择可用更新

①更新程序下载后,要求重新启动计算机。

②重新打开"Windows Update"对话框,此时可选需要安装的更新,选择更新内容后,如图 10-3 所示。在需要安装的更新链接处单击,窗口随后会显示与该更新相关的提示信息,认真阅读该信息并决定是否安装该更新。

4. 下载并使用反间谍软件

本实验中将下载并试用反间谍软件"Spybot Search & Destroy"(也可使用 Windows 7 自带的软件 Windows Defender),操作步骤如下:

①登录"http://www.safer-networking.org/cs/download/index.html",下

载最新版本的软件,例如"spybot-2.3.exe"。

说明:也可通过搜索在互联网上下载中文版。

图 10-3 选择希望安装的更新

②双击下载的"spybot-2.3.exe"开始安装,在安装过程中要选择语言、安装位置等,最后要选择同意许可协议,再单击"安装"按钮,安装向导会自动安装所需的组件。

③软件安装完成后,单击"完成"按钮,启动软件或运行"Spybot-S&D Start Center"后,如图 10-4 所示。

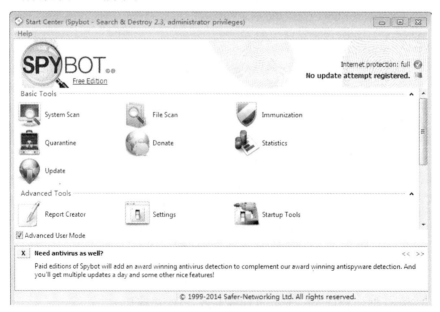

图 10-4 Spybot-S&D Start Center

【思考与练习】

(1)为什么操作系统会存在各种安全漏洞?

(2)对于 Windows 系统,是否安装所有的 Microsoft 补丁就能解决一切安全问题?

(3)作为一个用户应该怎么做,才能够保证既及时安装各种安全补丁,又不会因为安装这些补丁产生新的安全问题?

(4)是否只有操作系统才会有安全漏洞?说说你知道的其他软件的情况。

实验 10.2　数据备份与恢复

【实验目的】

(1)了解信息系统安全威胁,掌握不同备份类型的特点。

(2)掌握制定备份方案并实施数据备份的基本方法。

(3)掌握数据(或者系统)遭破坏后的恢复方法。

(4)理解数据备份的重要性。

【实验要求】

(1)参见教材相关内容,设计好备份方案。

(2)准备好备份用的存储空间。

(3)实验中有些步骤没有详细列出操作内容,思考应该如何完善。

【实验内容】

一个小型公司,有一台服务器和 4 台工作站。其中服务器上安装了 Windows 2008 Server,连接互联网,既作为公司的 WWW 服务器,存放公司对外发布的信息,也保存着公司中重要的业务数据。公司每周工作 5 天,工作时间为周一至周五的"9:00～17:00",工作期间员工需要访问和更新服务器上的信息。现要求:

(1)为这家公司设计一套备份方案,方案中应考虑这家公司存在的安全风险、可以接受的资金投入、合适的备份软件和备份策略等。

(2)使用 Windows 的系统备份工具备份数据。

(3)在需要时能进行备份数据的恢复。

【实验过程】

1.制定备份方案

考虑到该公司的实际情况,结合常见备份策略的特点,为该公司制定如下的备份方案。方案中,备份软件使用 Windows 系统自带的备份工具"ntbackup"。为节省成本,使用服务器和一台工作站的硬盘作为备份介质。为加强数据的安全性,备份到服务器上的数据应和 WWW 服务器主目录位置分离,建议使用一个独立的盘符。备份策略采用差异式备份。系统自动在每周六对服务器上的数据进行全盘备份。在每周一至周五向服务器上进行差异备份。为确保数据安全,上述向服务器备份的过程在选定的一台工作站上进行。对该工作站上的备份数据要通过访问控制等进行保护。

2.进行全盘备份的设置

①选择"开始"→"所有程序"→"维护"→"备份和还原"命令,启动备份程序,

屏幕显示备份或还原向导窗口。

②在上述窗口中,单击"设置备份"按钮,屏幕显示"要保存备份的位置"窗口,如图10-5所示,选择本地磁盘(F:),单击"下一步"按钮。

图 10-5　选择保存备份的位置

③设置要备份的内容。在本实验中应该选择企业的业务数据和 WWW 网站的数据,如图 10-6 所示。

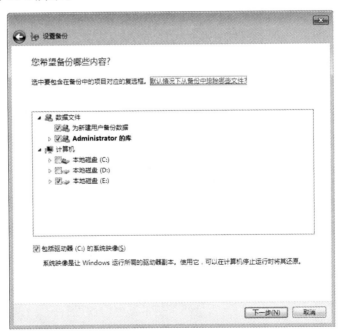

图 10-6　选择备份的内容

④单击"下一步",可查看备份设置。

⑤单击"保存"设置并运行备份。

3.数据还原与恢复

当数据被损坏或丢失时,可以恢复已经备份的数据,操作步骤如下:

①启动 Windows 备份工具,选择"还原我的文件"。

②在上述操作后显示的窗口中,单击"下一步"按钮,单击"浏览"按钮或直接选择左侧列出的项目,选择为还原文件所使用的以前的备份数据。

③进行还原选项的设置。

④选择数据被还原后保存的目标位置。

⑤选择其中的"复制和替换"选项,如图 10-7 所示。

⑥选择还原安全措施。

⑦系统显示所配置的信息。单击"完成"按钮,启动还原过程。此过程需要的时间视所还原的数据量而定。等待完成后可以查看程序提供的还原报告。

图 10-7　处理现有数据

【思考与练习】

修改本实验中的备份方案,分别备份一个文件、一个文件夹或者几个文件夹到某个硬盘上。

实 验 10.3　使 用 防 病 毒 软 件

【实验目的】

(1)了解计算机病毒的相关知识。

(2)掌握计算机病毒防范的基本内容。

(3)掌握计算机防病毒软件的使用方法。

【实验要求】

(1)认真学习教材 10.4 节的内容。

(2)实验用的计算机安装了 360 杀毒软件。

【实验内容】

(1)搜索计算机病毒的相关知识。

(2)学会计算机防病毒软件的使用方法。

【实验过程】

计算机病毒具有自我复制能力,可通过非授权入侵而隐藏在计算机系统中, 满足一定条件即被激活,从而破坏计算机系统。使用防病毒软件,是预防计算机 病毒的有效方法。

1. 了解计算机病毒的相关知识

①分别访问"http://www.symantec.com/zh/cn/index.jsp""http://www. rising.com.cn/""http://www.duba.net/"等防病毒软件厂商的网站,了解有关 计算机病毒的知识。

②为了能在第一时间检测到病毒的活动,防病毒软件通常都需要在后台 运行,并最小化在系统托盘区内。检查所用系统是否安装了防病毒软件,如 图 10-8 所示。

图 10-8　系统托盘区图标的提示

2. 使用防病毒软件

本实验以"360 杀毒软件"为例说明操作方法。双击托盘区的软件图标,屏幕显示程序主界面,如图 10-9 所示。

图 10-9　360 杀毒软件主界面

①更新设置。在主界面中,单击"设置"菜单,可显示如图 10-10 所示的窗口,根据屏幕提示可进行常规设置、升级设置、多引擎设置等。

图 10-10　360 杀毒软件设置窗口

②病毒扫描。单击图 10-9 所示界面的"全盘扫描",屏幕显示如图 10-11 所示的扫描窗口,扫描结束后,根据提示进行操作。

图 10-11　360 杀毒软件全盘扫描窗口

【思考与练习】

(1)上网浏览常见的防病毒软件厂商的网站,学习有关计算机病毒的相关知识。

(2)检查所用的计算机是否安装了防病毒软件,如果未安装,请下载一个防病毒软件并安装;如果安装了,请参考其联机帮助学会使用。

(3)查看该软件是否支持自动更新病毒库,如果支持,就设置成自动更新。检查所用防病毒软件的病毒库的日期,并为其更新病毒库。

(4)查看所用防病毒软件是单机版还是网络版?是否能检测内存中的病毒?是否支持检测隐藏于压缩文件中的病毒?是否可以检测网络驱动器中的文件夹?是否可以检测邮件中的病毒?是否具备实时检测功能?是否具备防火墙的功能?

(5)你所用的防病毒软件扫描速度如何?扫描时对系统速度影响是否明显?

(6)你所用的防病毒软件是否和你同学所用的软件相同?将你得出的结果和你同学的结果进行比较,并以表格的形式列出。